21世纪高等学校规划教材 | 软件工程

软件测试与质量保证
——IBM Rational测试工具

程宝雷 屈蕴茜 章晓芳 徐丽 金海东 李映 编著

清华大学出版社
北京

内 容 简 介

本书主要基于 IBM 的 Rational 系列软件设计相关实验,共分三部分内容:IBM Rational 测试工具的基本使用、基于 IBM Rational 测试工具的实验及测试案例。通过对 Rational 系列工具的学习与使用,学生能够理论联系实际,结合实际开发的软件进行测试实践,为将来胜任软件测试方面的工作打下良好的基础。

本书既可以作为大学软件测试课程配套的实验教材,也可以作为使用相关软件的读者解决实际问题的参考书。

本书封面贴有清华大学出版社防伪标签,无标签者不得销售。
版权所有,侵权必究。举报:010-62782989,beiqinquan@tup.tsinghua.edu.cn。

图书在版编目(CIP)数据

软件测试与质量保证:IBM Rational 测试工具/程宝雷等编著. --北京:清华大学出版社,2015(2023.7重印)
21 世纪高等学校规划教材·软件工程
ISBN 978-7-302-40049-3

Ⅰ. ①软… Ⅱ. ①程… Ⅲ. ①软件-测试 ②软件质量-质量管理 Ⅳ. ①TP311.5

中国版本图书馆 CIP 数据核字(2015)第 089384 号

责任编辑:黄 芝 李 晔
封面设计:傅瑞学
责任校对:胡伟民
责任印制:朱雨萌

出版发行:清华大学出版社
    网 址:http://www.tup.com.cn, http://www.wqbook.com
    地 址:北京清华大学学研大厦 A 座 邮 编:100084
    社 总 机:010-83470000 邮 购:010-62786544
    投稿与读者服务:010-62776969, c-service@tup.tsinghua.edu.cn
    质量反馈:010-62772015, zhiliang@tup.tsinghua.edu.cn
    课件下载:http://www.tup.com.cn,010-83470236
印 装 者:涿州市般润文化传播有限公司
经 销:全国新华书店
开 本:185mm×260mm 印 张:15.25 字 数:382 千字
版 次:2015 年 8 月第 1 版   印 次:2023 年 7 月第 7 次印刷
印 数:4101~4600
定 价:49.80 元

产品编号:062435-02

出版说明

随着我国改革开放的进一步深化，高等教育也得到了快速发展，各地高校紧密结合地方经济建设发展需要，科学运用市场调节机制，加大了使用信息科学等现代科学技术提升、改造传统学科专业的投入力度，通过教育改革合理调整和配置了教育资源，优化了传统学科专业，积极为地方经济建设输送人才，为我国经济社会的快速、健康和可持续发展以及高等教育自身的改革发展做出了巨大贡献。但是，高等教育质量还需要进一步提高以适应经济社会发展的需要，不少高校的专业设置和结构不尽合理，教师队伍整体素质亟待提高，人才培养模式、教学内容和方法需要进一步转变，学生的实践能力和创新精神亟待加强。

教育部一直十分重视高等教育质量工作。2007年1月，教育部下发了《关于实施高等学校本科教学质量与教学改革工程的意见》，计划实施"高等学校本科教学质量与教学改革工程(简称'质量工程')"，通过专业结构调整、课程教材建设、实践教学改革、教学团队建设等多项内容，进一步深化高等学校教学改革，提高人才培养的能力和水平，更好地满足经济社会发展对高素质人才的需要。在贯彻和落实教育部"质量工程"的过程中，各地高校发挥师资力量强、办学经验丰富、教学资源充裕等优势，对其特色专业及特色课程(群)加以规划、整理和总结，更新教学内容、改革课程体系，建设了一大批内容新、体系新、方法新、手段新的特色课程。在此基础上，经教育部相关教学指导委员会专家的指导和建议，清华大学出版社在多个领域精选各高校的特色课程，分别规划出版系列教材，以配合"质量工程"的实施，满足各高校教学质量和教学改革的需要。

为了深入贯彻落实教育部《关于加强高等学校本科教学工作，提高教学质量的若干意见》精神，紧密配合教育部已经启动的"高等学校教学质量与教学改革工程精品课程建设工作"，在有关专家、教授的倡议和有关部门的大力支持下，我们组织并成立了"清华大学出版社教材编审委员会"(以下简称"编委会")，旨在配合教育部制定精品课程教材的出版规划，讨论并实施精品课程教材的编写与出版工作。"编委会"成员皆来自全国各类高等学校教学与科研第一线的骨干教师，其中许多教师为各校相关院、系主管教学的院长或系主任。

按照教育部的要求，"编委会"一致认为，精品课程的建设工作从开始就要坚持高标准、严要求，处于一个比较高的起点上；精品课程教材应该能够反映各高校教学改革与课程建设的需要，要有特色风格、有创新性(新体系、新内容、新手段、新思路，教材的内容体系有较高的科学创新、技术创新和理念创新的含量)、先进性(对原有的学科体系有实质性的改革和发展，顺应并符合21世纪教学发展的规律，代表并引领课程发展的趋势和方向)、示范性(教材所体现的课程体系具有较广泛的辐射性和示范性)和一定的前瞻性。教材由个人申报或各校推荐(通过所在高校的"编委会"成员推荐)，经"编委会"认真评审，最后由清华大学出版社审定出版。

目前,针对计算机类和电子信息类相关专业成立了两个"编委会",即"清华大学出版社计算机教材编审委员会"和"清华大学出版社电子信息教材编审委员会"。推出的特色精品教材包括:

(1) 21世纪高等学校规划教材·计算机应用——高等学校各类专业,特别是非计算机专业的计算机应用类教材。

(2) 21世纪高等学校规划教材·计算机科学与技术——高等学校计算机相关专业的教材。

(3) 21世纪高等学校规划教材·电子信息——高等学校电子信息相关专业的教材。

(4) 21世纪高等学校规划教材·软件工程——高等学校软件工程相关专业的教材。

(5) 21世纪高等学校规划教材·信息管理与信息系统。

(6) 21世纪高等学校规划教材·财经管理与应用。

(7) 21世纪高等学校规划教材·电子商务。

(8) 21世纪高等学校规划教材·物联网。

清华大学出版社经过三十多年的努力,在教材尤其是计算机和电子信息类专业教材出版方面树立了权威品牌,为我国的高等教育事业做出了重要贡献。清华版教材形成了技术准确、内容严谨的独特风格,这种风格将延续并反映在特色精品教材的建设中。

清华大学出版社教材编审委员会
联系人:魏江江
E-mail:weijj@tup.tsinghua.edu.cn

前言

随着软件测试行业在国内的快速发展,很多学校陆续开设了软件测试这门课程,该课程也是一门理论与实践相结合的课程。社会上的软件企业也越来越意识到软件测试的重要性,纷纷加大软件测试在整个软件开发过程中的比重,并成立了软件测试部门和质量保证部门,甚至出现了专门从事测试工作的第三方企业。同时测试工具的应用也成为普遍的趋势,如白盒测试工具、黑盒测试工具、性能测试工具及用于测试管理(测试流程管理、缺陷跟踪管理、测试用例管理)的工具。

软件测试课程正逐渐成为软件专业人才知识架构与技能培养的重要组成部分。目前国内在这方面的教学还处于起步阶段,鉴于IBM公司提供了从系统分析到配置管理的全套软件开发工具包,同时工具包中也包括多种自动化测试工具,因此本书主要基于IBM的Rational系列软件设计相关实验以用于教学实践。

通过对Rational系列工具的学习使用,学生能有针对性地解决理论学习及实践中的实际问题,为将来胜任软件测试工作打下良好的基础,较快地进入测试角色。

本书共分三部分:IBM Rational 测试工具的基本使用、基于IBM Rational 测试工具的实验及测试案例。

第一部分包括八章:第1章介绍 Rational 测试软件的安装与配置,第2章介绍测试管理工具 TestManager 的基本使用,第3章介绍 Rational Purify 的基本使用,第4章介绍 Rational Quantify 的基本使用,第5章介绍 Rational PureCoverage 的基本使用,第6章介绍 Rational Robot 的基本使用,第7章介绍 Function Tester 的基本使用,第8章介绍 Performance Tester 的基本使用。该部分内容以案例为主线,在讲解工具时贯穿典型案例的使用。

第二部分包括十九个实验,主要有管理软件测试项目的实验,如用 Rational TestManager 管理软件测试项目;单元测试的实验,如 Rational Purify 测试代码错误及与内存有关的错误;功能测试的实验,如 Rational Robot 功能测试脚本中验证点的使用;性能测试的实验,如 Performance Tester 中调度的使用;回归测试的实验,如 Function Tester 的基本使用等。

第三部分讲解本书附带的测试案例。目前,C++、Java 及 .NET 平台应用比较广泛,因此本书提供四个附属案例:

(1)基于 Java 的简易人事管理系统;
(2)基于 C++ 的简易人事管理系统;
(3)基于 J2EE 的简易人事管理系统;
(4)基于 .NET 的简易人事管理系统。

通过上机实验,可以达到以下目的:

(1)加深对课堂讲授内容的理解。仅仅靠课堂讲授理论知识,很难得到感性的理解,通过上机实践可以弥补。

（2）熟悉 IBM Ration 系列测试软件的使用，掌握白盒测试、黑盒测试、性能测试及其他测试如何通过相关工具实现。

（3）学以致用。能够结合测试工具，分析自己以前写的程序，找出不足，加以改进。

本书既可以作为大学软件测试课程配套的实验教材，也可以作为使用相关软件的读者解决实际问题的参考书。

本书第一部分的第 1、6、8 章及第二部分的实验七至十三及第三部分由程宝雷编写，第一部分的第七章及第二部分的实验十四至十九由屈蕴茜和徐丽编写，第一部分的第 2、3、4、5 章及第二部分的实验一至六由金海东编写。章晓芳、李映参与了全书的校对工作，最终统稿、定稿由屈蕴茜完成。

由于作者水平有限，书中难免有不当之处，敬请使用该书的广大读者批评指正，提出宝贵意见。若读者需要案例的更详细资料，请与作者（chengbaolei@suda.edu.cn）联系。

编 者

2015 年 1 月

第一部分 IBM Rational 测试工具的基本使用

第 1 章 Rational 测试软件的安装与配置 ················ 3

1.1 测试工具的安装 ················ 3
1.1.1 系统要求 ················ 3
1.1.2 软件获取途径 ················ 4
1.1.3 Rational Suite Enterprise 安装 ················ 4
1.1.4 Performance Tester 软件的安装 ················ 10
1.2 测试工具的配置 ················ 18

第 2 章 Rational TestManager 使用说明 ················ 22

2.1 TestManager 概述 ················ 22
2.1.1 概述 ················ 22
2.1.2 TestManager 的主要测试活动 ················ 22
2.1.3 与 TestManager 相关的概念 ················ 24
2.1.4 主要用户界面 ················ 25
2.1.5 相关的 Rational 软件 ················ 26
2.2 测试计划 ················ 29
2.2.1 确定测试输入 ················ 29
2.2.2 创建测试计划 ················ 30
2.2.3 组织测试用例文件夹 ················ 31
2.2.4 创建测试用例 ················ 31
2.2.5 测试时的资源配置 ················ 32
2.2.6 创建并编辑迭代 ················ 34
2.2.7 使用测试输入建立跟踪 ················ 35
2.3 测试的设计 ················ 35
2.3.1 指明测试步骤和检验点 ················ 35
2.3.2 指明测试用例条件和可接受标准 ················ 35
2.4 测试的实施 ················ 37
2.4.1 创建测试脚本 ················ 37
2.4.2 建立实施与用例的关联 ················ 37
2.4.3 定义代理测试机和测试机列表 ················ 38

2.4.4　Suite 作为测试实施 …………………………………… 39
2.5　测试的执行 …………………………………………………… 40
　　2.5.1　测试脚本的执行 …………………………………… 41
　　2.5.2　测试用例的执行 …………………………………… 41
　　2.5.3　Suite 的执行 ……………………………………… 42
　　2.5.4　Suite 的监控 ……………………………………… 45
2.6　测试的评估 …………………………………………………… 48
　　2.6.1　测试日志 …………………………………………… 48
　　2.6.2　缺陷的提交和修改 ………………………………… 50
2.7　TestManager 使用案例 ……………………………………… 50
　　2.7.1　创建测试项目 ……………………………………… 50
　　2.7.2　创建 Suite ………………………………………… 55

第 3 章　Rational Purify 使用说明 ………………………………… 59

3.1　Purify 概述 …………………………………………………… 59
3.2　Purify 具体功能描述 ………………………………………… 60
3.3　Purify 使用举例 ……………………………………………… 61
3.4　Purify 主要参数设置 ………………………………………… 64
　　3.4.1　Settings 项中的 default setting …………………… 64
　　3.4.2　Settings 项中的 Preferences ……………………… 66
　　3.4.3　View 当中的 Create Filter ………………………… 69

第 4 章　Rational Quantify 使用说明 ……………………………… 71

4.1　Quantify 概述 ………………………………………………… 71
4.2　Quantify 功能特点 …………………………………………… 72
4.3　Quantify 使用举例 …………………………………………… 72
4.4　Quantify 参数设置 …………………………………………… 76
　　4.4.1　Settings 项中的 default settings …………………… 76
　　4.4.2　Settings 项中的 Preferences ……………………… 78

第 5 章　Rational PureCoverage 使用说明 ………………………… 81

5.1　功能简介 ……………………………………………………… 81
5.2　PureCoverage 具体功能描述 ………………………………… 81
5.3　PureCoverage 使用举例 ……………………………………… 82
5.4　PureCoverage 参数设置 ……………………………………… 86
　　5.4.1　Settings 项中的 default setting …………………… 86
　　5.4.2　Settings 项中的 Preferences ……………………… 88

第 6 章 Rational Robot 使用说明 ········· 90

6.1 功能简介 ········· 90
6.2 工具基本使用说明 ········· 90
 6.2.1 登录/主界面 ········· 90
 6.2.2 工具条操作 ········· 91
 6.2.3 录制 GUI 脚本 ········· 92
6.3 GUI 脚本及其应用举例 ········· 93
 6.3.1 GUI 记录工作流程 ········· 93
 6.3.2 自动命名脚本的创建 ········· 94
 6.3.3 录制脚本 ········· 95
 6.3.4 录制 Java 应用程序 ········· 99
 6.3.5 录制 .NET 应用程序 ········· 99
 6.3.6 录制 Web 应用程序 ········· 101
 6.3.7 在人事管理系统中使用验证点 ········· 102
 6.3.8 使用 Datapools ········· 108
 6.3.9 删除 GUI 脚本 ········· 113
 6.3.10 回放 GUI 脚本 ········· 114
6.4 VU 脚本及其应用举例 ········· 116
 6.4.1 录制的 VU 脚本 ········· 116
 6.4.2 回放 VU 脚本 ········· 118
 6.4.3 复制 VU 脚本 ········· 119
 6.4.4 删除 VU 脚本 ········· 119

第 7 章 Function Tester 的基本使用 ········· 120

7.1 Rational Functional Tester 工具的基本使用 ········· 121
 7.1.1 选择工作空间 ········· 121
 7.1.2 创建或连接测试项目 ········· 121
 7.1.3 主界面 ········· 121
 7.1.4 配置测试环境 ········· 123
7.2 简单的 Rational Functional Tester 脚本 ········· 124
 7.2.1 开始录制 ········· 124
 7.2.2 启动应用程序,执行用户操作 ········· 126
 7.2.3 结束录制 ········· 126
 7.2.4 运行脚本,查看日志 ········· 127
 7.2.5 测试项目项的导入导出 ········· 128
7.3 验证点的使用 ········· 131
 7.3.1 验证点的类型 ········· 131

    7.3.2 验证点操作向导 ………………………………………………… 132
    7.3.3 验证点比较器 …………………………………………………… 135
7.4 测试对象映射和对象识别 ……………………………………………… 137
    7.4.1 测试对象映射 …………………………………………………… 137
    7.4.2 建立并使用测试对象映射 ……………………………………… 138
    7.4.3 对象识别 ………………………………………………………… 141
7.5 测试脚本模块化框架 …………………………………………………… 143
    7.5.1 测试脚本模块化框架 …………………………………………… 143
    7.5.2 在 Functional Tester 中实现测试脚本模块化框架 …………… 144
7.6 数据驱动测试 …………………………………………………………… 144
    7.6.1 创建数据驱动测试 ……………………………………………… 145
    7.6.2 导入数据池 ……………………………………………………… 149
    7.6.3 导出数据池 ……………………………………………………… 152

第 8 章 Performance Tester 使用说明 ……………………………………… 154

8.1 功能简介 ………………………………………………………………… 154
8.2 工具的基本使用 ………………………………………………………… 154
    8.2.1 启动 RPT ………………………………………………………… 154
    8.2.2 创建测试项目 …………………………………………………… 156
    8.2.3 录制人事管理系统脚本 ………………………………………… 156
8.3 测试验证点的设置举例 ………………………………………………… 160
8.4 数据池的应用举例 ……………………………………………………… 162
8.5 调度介绍 ………………………………………………………………… 168
8.6 分析测试结果 …………………………………………………………… 171

第二部分 基于 IBM Rational 测试工具的实验

实验一 使用 Rational TestManager 工具管理测试项目 ……………………… 175

实验二 Rational Administrator 工具的运行环境及创建一个测试项目 …… 177

实验三 使用 Rational Purify 工具测试代码中内存相关错误 ……………… 179

实验四 使用 Rational Quantify 对程序代码做性能分析 …………………… 181

实验五 使用 Rational PureCoverage 检测程序代码的测试覆盖率 ………… 184

实验六 使用 Rational ManualTest 建立手工测试脚本 ……………………… 187

实验七 Rational Robot 的基本使用 …………………………………………… 189

实验八 Rational Robot 功能测试脚本中验证点的使用 ……………………… 191

实验九　Rational Robot 功能测试脚本中数据池的使用 …………………………… 193

实验十　Rational Robot 性能测试脚本的录制及使用 ………………………………… 195

实验十一　Performance Tester 工具的基本使用 ……………………………………… 197

实验十二　Performance Tester 中数据池的使用 ……………………………………… 199

实验十三　Performance Tester 中调度的使用 ………………………………………… 201

实验十四　Rational Functional Tester 的基本使用 …………………………………… 203

实验十五　Rational Functional Tester 中验证点的使用 ……………………………… 205

实验十六　Rational Functional Tester 中的测试对象地图 …………………………… 207

实验十七　Rational Functional Tester 数据池的创建 ………………………………… 209

实验十八　Rational Functional Tester 导入数据池 …………………………………… 211

实验十九　Rational Functional Tester 导出数据池 …………………………………… 213

第三部分　测 试 案 例

案例一　基于 Java 的简易人事管理系统 ………………………………………………… 217

案例二　基于 C++ 的简易人事管理系统 ………………………………………………… 221

案例三　基于 J2EE 的简易人事管理系统 ………………………………………………… 223

案例四　基于 .NET 的简易人事管理系统 ………………………………………………… 228

第一部分

IBM Rational
测试工具的基本使用

- 第1章　Rational测试软件的安装与配置
- 第2章　Rational TestManager使用说明
- 第3章　Rational Purify使用说明
- 第4章　Rational Quantify使用说明
- 第5章　Rational PureCoverage使用说明
- 第6章　Rational Robot使用说明
- 第7章　Function Tester的基本使用
- 第8章　Performance Tester使用说明

第一部分 概述

第 1 章 Rational 测试软件的安装与配置

1.1 测试工具的安装

Rational Suite Enterprise 是一系列软件开发工具的集合，包括 ClearCase、Purify、PureCoverage、Quantify、Robot、TestManager 等。它可以帮助测试人员对产品的功能、可靠性和性能进行全方位的质量测试，如 Purify 能帮助程序员找出程序中空指针、内存泄露等方面的错误；Rational PureCoverage 则能够检测出代码中哪些已经过测试而哪些没有；Rational Quantify 能找出程序的瓶颈，从而帮助程序员改进程序；Rational Robot 则可开发三种测试脚本：用于功能测试的 GUI 脚本、用于性能测试的 VU 以及 VB 脚本；测试控制软件 Rational TestManager 可以用来计划、管理、组织、执行、评估、报告个别测试用例或整个测试计划等。

IBM Rational Performance Tester 可以有效地帮助测试人员和性能工程师验证系统的性能，识别和解决各种性能问题。

本章主要介绍 Rational Suite Enterprise、Performance Tester 的安装要点及 Rational License Key Administrator 的配置。

1.1.1 系统要求

一般说来，要想在 Windows 平台上安全、可靠地运行 Rational Suite Enterprise，软硬件配置及操作系统要求如下：

1．硬件与软件要求

基于 Pentium 的 PC 兼容计算机系统
（1）PⅢ 600 MHz 以上
（2）512 MB 内存及以上
（3）硬盘剩余空间 1.1GB 以上

2．操作系统

（1）Windows NT 4.0，Service Pack 6a 和 SRP（安全性汇总包）
（2）Windows 2000 Professional、Service Pack 2 或 Service Pack 3
（3）Windows XP Professional

1.1.2 软件获取途径

IBM 公司于 2002 年 12 月 6 日收购了 Rational 软件公司,并使 Rational 成为 IBM 软件集团的第五大品牌。一般说来,可以根据官方网站中的提示购买该产品,如:
- IBM 公司的英文网站: http://www-01.ibm.com/software/rational/
- IBM 公司的中文网站: http://www-01.ibm.com/software/cn/rational/

当购买了相应产品后,IBM 公司也会赠送相应的软件光盘。

1.1.3 Rational Suite Enterprise 安装

(1) 插入安装盘,进入启动界面,如图 1-1 所示。单击"下一步"按钮,进入产品选择界面,如图 1-2 所示。

图 1-1 欢迎界面

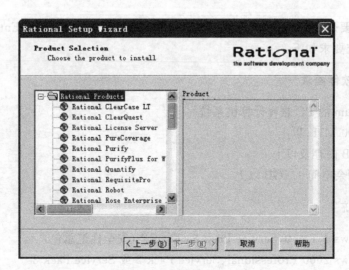

图 1-2 产品选择界面

(2) 展开树型菜单,选择 Rational Suite Enterprise,如图 1-3 所示,在右边的多行文本框中可以看到该软件内容的详细说明。

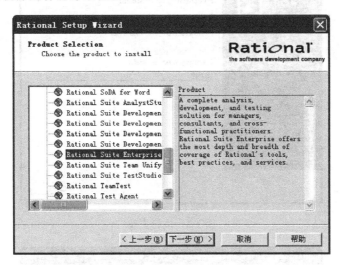

图 1-3　选择 Ration Suite Enterprise

(3) 单击"下一步"按钮,进入如图 1-4 所示界面,此处选择直接从光盘安装。

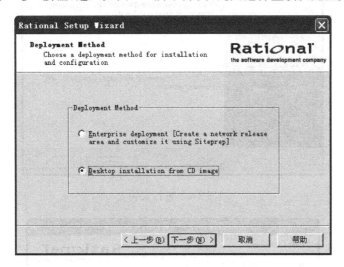

图 1-4　安装选项

(4) 单击"下一步"按钮,进行安装,如图 1-5 和图 1-6 所示。

(5) 当打开了其他应用程序,如 Word 时,会提示警告信息,如图 1-7 所示。在关闭其他应用程序后,才可以继续安装。

(6) 单击 Next 按钮,进入是否接受协议窗口,如图 1-8 所示,选择接受。

(7) 单击 Next 按钮,进入路径选择界面,如图 1-9 所示,默认安装在 C:\Program Files\Rational 目录下,用户也可以选择其他路径。

(8) 单击 Next 按钮,进入自定义安装界面,如图 1-10 所示,用户可以根据需要选择待安装的功能。

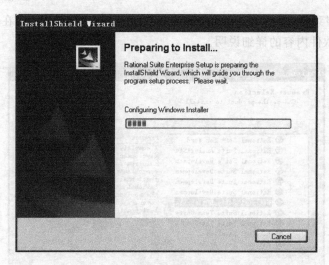

图 1-5　进行安装

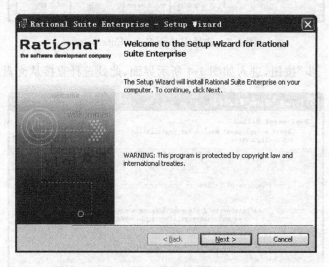

图 1-6　进行安装

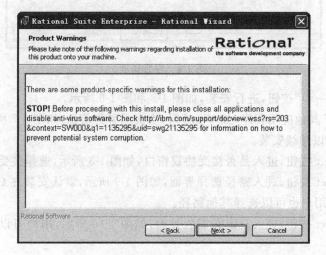

图 1-7　警告窗口

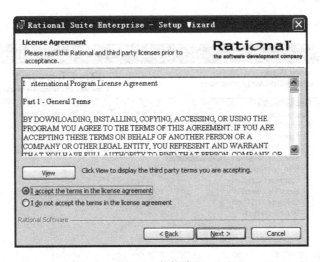

图 1-8　协议窗口

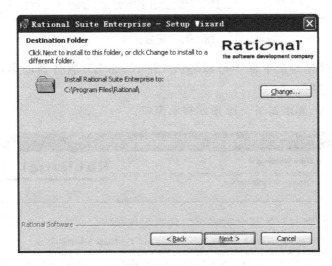

图 1-9　路径选择窗口

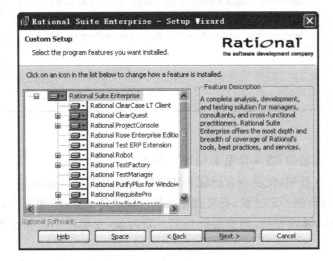

图 1-10　选择安装窗口

(9) 单击 Next，进入 ClearCase LT 客户端配置界面，如图 1-11 所示。

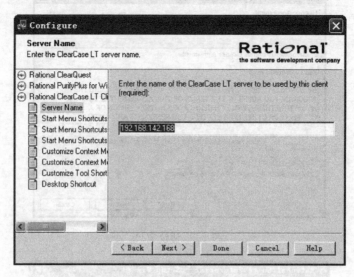

图 1-11　配置界面

在服务器名对应的文本框中可以输入 ClearCase LT 服务器的名称或 IP 地址，供 ClearCase 客户端使用。

(10) 单击 Next，弹出如图 1-12 所示提示窗口。

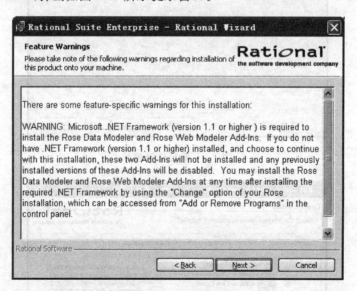

图 1-12　提示窗口

(11) 单击 Next 按钮，进入如图 1-13 所示界面。

(12) 单击 Next 按钮，将看到有进度条的安装界面如图 1-14 所示。

(13) 当安装进行到一定时候，安装程序会提示插入第二张盘，如图 1-15 所示。

(14) 单击 OK，继续安装，当安装进行到一定时候，安装程序会提示插入第三张盘，如图 1-16 所示。

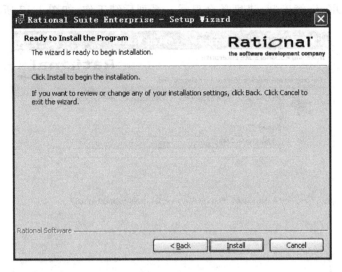

图 1-13　准备安装程序

图 1-14　进行安装

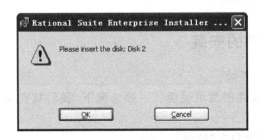

图 1-15　提示插入第二张盘

图 1-16　提示插入第三张盘

（15）单击 OK，继续安装，进度条会显示一系列后续工作，如图 1-17 所示。

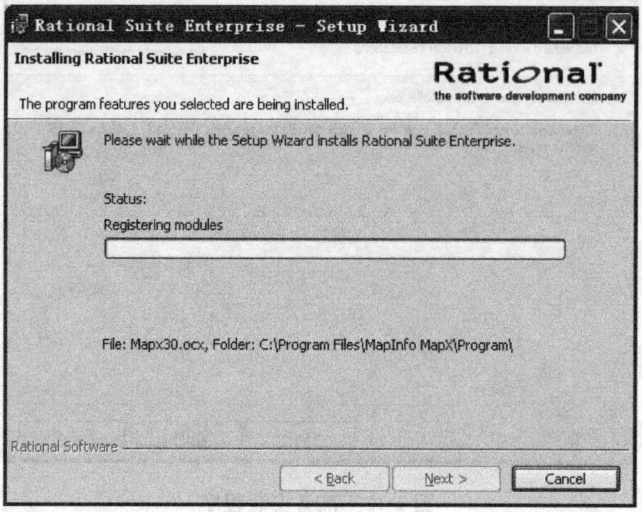

图 1-17 后续工作

（16）安装完成，如图 1-18 所示。

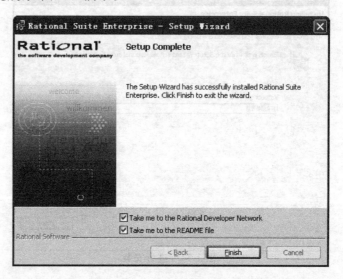

图 1-18 安装完成

1.1.4 Performance Tester 软件的安装

（1）插入安装盘，进入如图 1-19 所示的启动界面：
当把鼠标移到第一行菜单上时，会显示该软件的简单说明。一般情况下，我们只安装 IBM Rational Performance Tester V6.1。

若想退出，可直接单击如图 1-20 所示下方的"退出"按钮。

（2）单击"安装 IBM Rational Performance Tester V6.1"，进行安装，安装过程如图 1-21 和图 1-22 所示。

第1章 Rational 测试软件的安装与配置 11

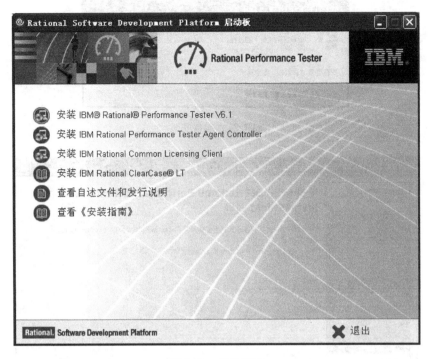

图 1-19 启动界面

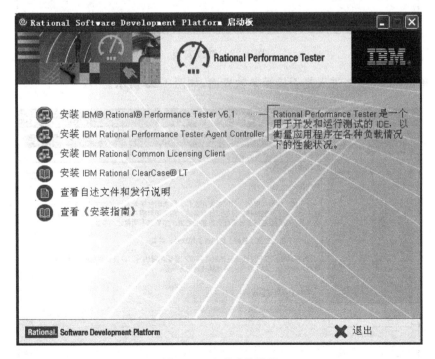

图 1-20 查看功能说明

图 1-21　准备安装

图 1-22　继续安装

(3) 单击"下一步",进入是否接受条款界面,如图 1-23 所示。

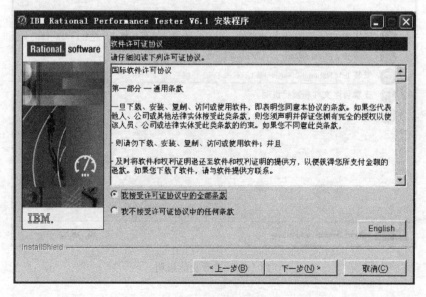

图 1-23　是否接受条款

(4) 安装目录及其他功能选项目设置。

默认安装在 C:\Program Files\Rational\SDP\6.0 目录下，用户也可以选择其他路径。其他设置采用默认设置，如图 1-24 至图 1-28 所示。

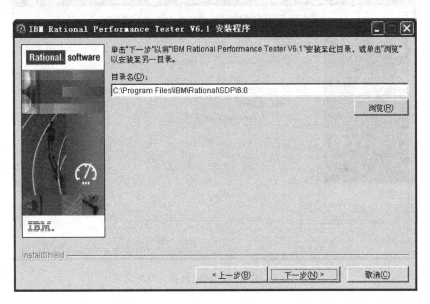

图 1-24　安装目录

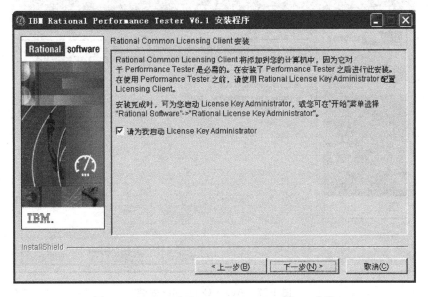

图 1-25　Rational Common Licensing Client 安装

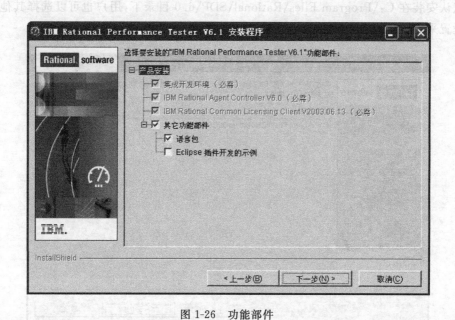

图 1-26 功能部件

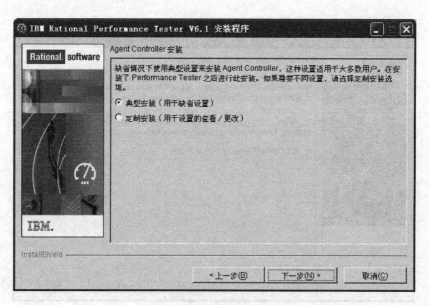

图 1-27 Agent Controller 安装

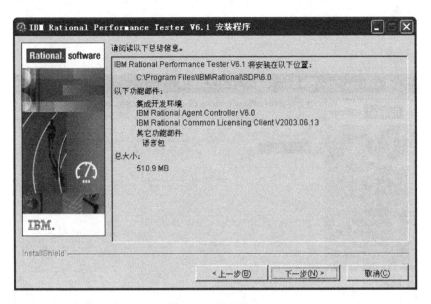

图 1-28　总结信息

（5）确认安装，安装过程如图 1-29 至图 1-34 所示。

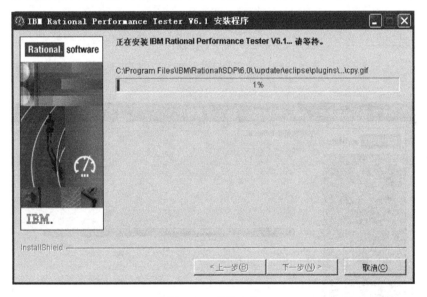

图 1-29　确认安装

注意：安装 RPT 需要的时间会比较长，尤其是后面的更新程序步骤，一定要耐心等待。更新完毕后，系统会提示安装完成。

此时提示 IBM Rational Performance Tester V6.1 已经成功安装，单击"下一步"，以完成向导的后续操作。

单击"完成"，关闭窗口。

（6）安装完成后，可以在 Windows 操作系统的开始菜单中启动 Rational Performance Tester。

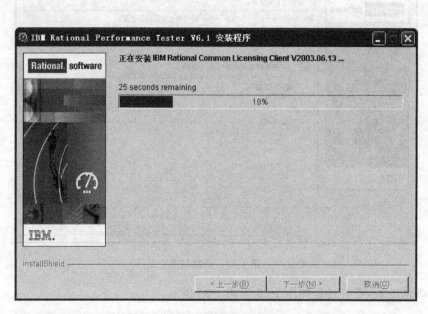

图 1-30　安装进行中(1)

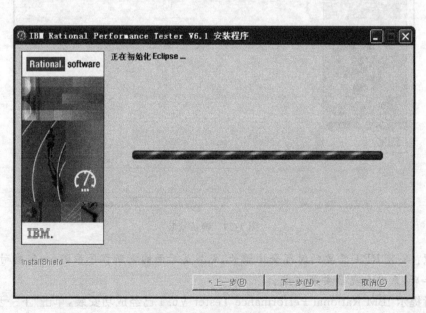

图 1-31　安装进行中(2)

第1章 Rational 测试软件的安装与配置

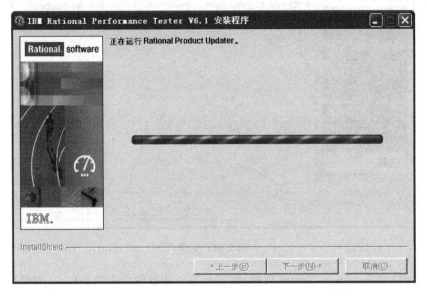

图 1-32 安装进行中（3）

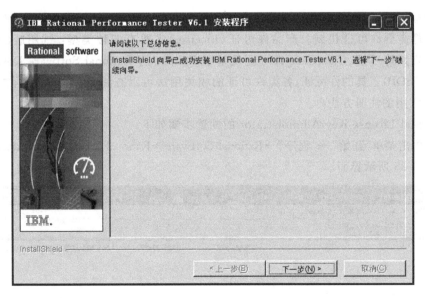

图 1-33 成功安装 IBM Rational Perfrormance Tester V6.1

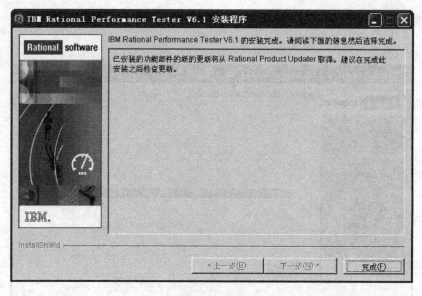

图 1-34　完成

其他软件(如 Function Tester 软件)的安装与上述软件的安装类似,一般情况下按照安装程序的提示一步一步操作即可完成,在此不做详细介绍。

1.2　测试工具的配置

本实验手册涉及的 IBM Rational 产品 TestManager、Purify、Quantify、PureCoverage、Robot 等都需要许可证机制。产品许可证(License)主要有四种类型:试用版的许可证、Rational 公共许可证、ClearCase 许可证及基于 Eclipse 的 Rational Software Development Platform (SDP)工具的许可证,各类许可证的相关用法可以查阅 IBM 公司的官方文档,本节仅介绍常用的注册方法。

Rational License Key Administrator 的配置步骤如下:

(1) 单击菜单"开始"→"程序"→Rational Software→Rational License Key Administrator,进入如图 1-35 所示界面。

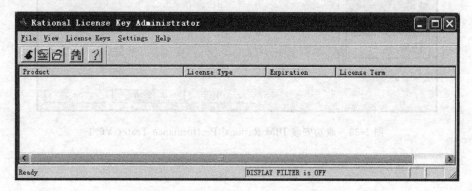

图 1-35　Rational License Key Administrator 主界面

（2）选择菜单 Licence Keys→Licence Key Wizard…，进入如图 1-36 所示界面。

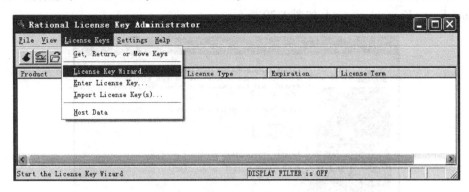

图 1-36　单击 Licence Keys 按钮

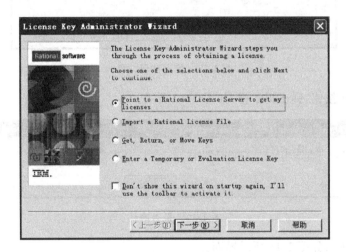

图 1-37　注册向导

（3）若选择第一种方法，即从许可证服务器获取许可证，单击"下一步"按钮，进入如图 1-38 所示界面。

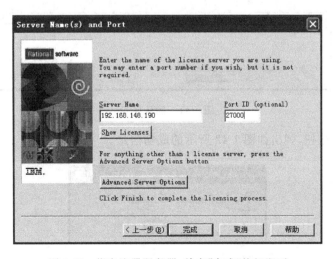

图 1-38　指向注册服务器，单击"完成"按钮即可

若选择第二种方法,单击"下一步",进入如下界面,单击 Browse,选择注册文件 Rational Suite Enterprise.upd,如图 1-39 所示。

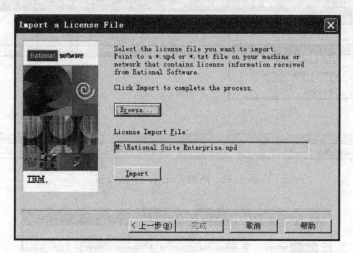

图 1-39　找到注册文件

单击 Import 按钮,弹出提示框,如图 1-40 所示。

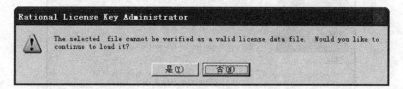

图 1-40　是否确认

单击"是",进入如图 1-41 所示界面。

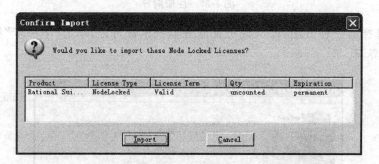

图 1-41　确认导入

单击 Import 按钮,弹出如图 1-42 所示的成功信息。

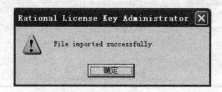

图 1-42　导入成功

单击"确定",看到如图 1-43 所示界面,即表示注册成功了。

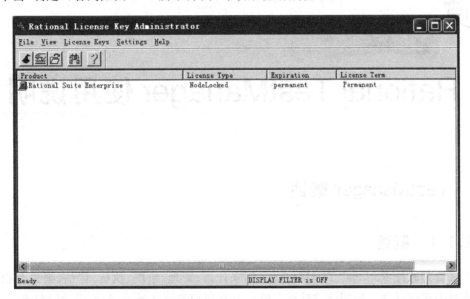

图 1-43　导入注册文件后的 Rational License Key Administrator

注:使用 Rational Robot 工具或 Function Tester 工具,必须首先建立测试项目,测试项目的建立参见 TestManager 章节。

第 2 章 Rational TestManager 使用说明

2.1 TestManager 概述

2.1.1 概述

测试管理软件 Rational TestManager 用来计划、管理、组织、执行、评估、报告个别测试用例或整个测试计划。使用该软件可以管理所有类型的测试活动，包括手动回归测试、缺陷跟踪以及扩展的自动化压力测试，帮助测试人员更快地完成工作，实现项目团队之间变更信息和状态通讯的自动化。

在 Rational TestManager 中，测试计划是组织测试流程的框架，它管理所有类型的测试，包括：功能测试、性能测试、手动测试、集成测试、回归测试、配置测试和构件测试。在同一个测试过程中，可以执行一个包含多种类型脚本（手动、Java、GUI、负载）的测试套件(Suite)；在单机或整个网络中，还可以同时执行功能测试和性能测试。

当需求变更时，Rational TestManager 链接测试用例与需求，自动标识与需求变更有关的测试用例，从而节省测试人员的查找时间。

Rational TestManager 集成的日志查看器为每次测试活动生成一个完整的日志，包括通过、失败、警告与信息标记，便于测试评估。要了解失败的详细信息，只需双击相应的测试项。

Rational TestManager 包含一系列预定义的图形和文本报告。还可以用 Crystal Reports 来定义和扩展其他关于测试指标、结果和通过、失败状态等有意义的报告。

2.1.2 TestManager 的主要测试活动

TestManager 支持 RUP(Rational 统一开发过程)定义的五个主要的测试活动：测试计划、测试设计、测试实施、测试执行和测试评估，下面分别加以叙述。

1. 编制测试计划

确定测试输入是编制测试计划的第一步，测试输入帮助决定需要测试哪些内容。TestManager 有两个内置的测试输入类型：在一个 Rational RequisitePro 项目中的需求以及在一个 Rational Rose 虚拟模型中的元素。TestManager 也支持常规测试输入类型。使用常规测试输入，需要写测试输入适配器(Test Input Adapter)，或使用由 Rational 或其合作者提供的适配器。例如，使用 Microsoft Excel 表格中的数值作为测试输入，则需要为

Excel 写一个测试输入适配器。

确定了测试输入,就可以使用 TestManager 创建测试计划。测试计划为测试项目中其他资源提供组织结构。编制测试计划时,一般要考虑以下问题:要执行哪些测试?什么时候执行测试?每个测试由谁负责?在什么样的硬件和软件配置下执行测试?

一个项目可能包含多样的测试计划,如测试人员可以为测试的每个阶段编制计划。不同的工作组可以有他们自己的测试计划。一般情况下,每个计划应当有唯一的测试目标。

编制测试计划时,可以通过创建测试用例文件夹(test case folders)来分层次组织测试用例。不同的测试用例可以使用不同的配置并用于不同的项目迭代周期。

2．测试的设计

测试设计需要回答"我将如何执行测试?"这个问题,测试的设计在经过实施和执行后,可以获得被测软件期待观察的行为和特性。测试设计基于用例、需求、原型等,是一个迭代和渐进的过程,在项目初期开始。

在 TestManager 中,测试设计阶段需要:
(1) 指明运行测试所需要的基本步骤;
(2) 指明如何有效地使测试项目和测试特征恰当地工作;
(3) 说明测试的前置和后置条件;
(4) 说明测试用例执行通过的可接受标准。

3．测试的实施

测试用例设计完成后,就可以准备测试用例的实施。TestManager 中,测试用例的实施通过创建测试脚本来实现,也可以将已经创建的测试脚本与测试用例相关联。

不同的测试项目中,实施可以不相同。例如:在一个项目中,测试人员既可以创建自动测试脚本又可以创建手工测试脚本,在另外一个项目中,则可能需要结合可视化测试脚本、批文件以及 Perl 脚本编写软件模块的片段,并通过程序联结成更高级别的测试脚本。

TestManager 提供以下内置测试脚本类型以支持实施:

GUI:Rational 专有的以类 Basic 脚本语言编写的功能测试脚本,由 Rational Robot 创建,仅在已安装 Rational Robot 的情况下可用。

VU:Rational 专有的以类 C 脚本语言编写的性能测试脚本,由 Rational Robot 创建,仅在已安装 Rational Robot 的情况下可用。

Manual:测试指令集,人工执行,由 Rational Manual Test 创建。

4．测试的执行

通过运行测试用例,验证软件行为特征,以确保系统功能的正确性。在 TestManager 中,可以执行单独的测试脚本、测试用例,也可以执行通过一台或多台测试机和虚拟测试者执行的 Suite,即执行一些测试用例和测试脚本的混合体来执行测试。

5．测试的评估

用户执行了一个测试实施之后,TestManager 将测试结果写入测试日志中,用户通过

TestManager 的测试日志窗口查看测试结果。一个测试循环包含应用软件特定区域的多个独立测试,通过查看和分析测试日志窗口中的测试结果,测试人员可以知道目前处在软件开发的哪个阶段,哪些测试通过,哪些测试失败,以及测试失败的原因(如软件设计缺陷或者软件设计变更)。

测试评估活动包括:确定测试执行的有效性,如执行是否完全,执行失败是否因为不符合前置条件等;在测试执行过程中,查看报告上产生的数据以检验该执行是否是可接受的,即通过分析测试输出以确定测试结果;查看合计的结果以检查测试计划、测试输入、配置等的覆盖程度,衡量测试的进展,分析趋向。

2.1.3 与 TestManager 相关的概念

1. 测试用例

测试用例(Test Cases)用于定义单个的测试事件,是 TestManager 中的测试资产。测试用例能有效确保被测软件在假定的工作方式下对某个功能或性能的需求。测试用例可以回答这个问题,"我将要测试什么?"

2. 迭代

迭代(Iterations)式软件开发强调在较短的时间内产生多个可执行、可测试的软件版本。迭代是在项目期间被定义的时间跨度。一个新版本就是一次迭代,一个迭代的结束是一个里程碑。迭代期间,在一些时间点上,产品需要符合确定的质量标准来达到里程碑。TestManager 中,不同的测试用例关联于不同的迭代,迭代的质量标准由必须通过的测试用例定义。

3. 虚拟测试者

Rational 测试中有两种模拟用户:GUI 用户,是单用户,模拟前台的实际用户操作;虚拟测试者,是多用户,模拟发送请求到数据库或其他服务器。

虚拟测试者在安装了代理(Agent)软件的测试机上执行,一个虚拟测试者是在测试机上执行测试脚本的一个实例。对于功能测试,在一台测试机上,每次仅有一个虚拟测试者可以执行。对于性能测试,一台测试机上可以同时有多个虚拟测试者执行。

一个虚拟测试者执行一个客户端与其服务器之间的仿真通信。例如,在 Robot 中记录一个 Session 时,Robot 记录一个客户端到服务器的请求。虚拟测试者能确定可测量性和衡量服务器响应次数。

4. 本地与代理测试机

本地测试机指运行 TestManager,执行所有测试用例、测试脚本和 Suites 活动的测试机。

测试执行期间,可以在本地机或代理测试机(Agent computers)上录制回放测试脚本。虚拟测试者在安装了代理(Agent)软件的代理测试机上执行。以下情况需要使用代理测试机:执行有大量虚拟测试者的测试,可以使用代理机来添加工作量到服务器;在多于一台测试机上执行测试脚本。例如，可以在代理测试机上执行测试脚本来节约本地机时间；执行有多个虚拟测试者的功能 Suite，因为一个虚拟测试者只能在一台测试机上执行；测试不同的硬件和软件配置，在不同代理机上执行不同的配置的测试脚本，而这些代理机设置了所需的软、硬件配置。

5. 配置

使用配置(Configurations)确定执行测试用例需要的硬件和软件环境。例如，要确保测试用例可以在四种不同的操作系统下执行，就需要为每种操作系统创建一个配置，然后将这四种配置与测试用例联系起来，以创建成配置的测试用例。为使测试用例通过，需要所有配置的测试用例都通过。

6. 测试套件

测试套件(Suite)是要测试任务的一种分层表示，它是一个容器、一个更大的测试用例集合。在 TestManager 中，Suite 可以作为独立的测试单元，它展现一些项，如执行测试的测试机，执行的测试脚本，以及每个测试脚本执行的次数等。多重测试脚本和并联测试机可以包含到一个 Suite 中，Suite 能协调测试脚本的执行方法。在功能测试中，使用 Suite 可以在一台测试机上并行执行测试脚本，以便测试执行得更快。在性能测试中，使用 Suite 可以添加工作量到服务器中。

2.1.4 主要用户界面

启动 TestManage 软件，首先出现登录对话框，用户提供用户名和密码登录，这里的用户名和密码是 Rational 项目管理员在 Rational Administrator 中分配的。测试人员可以选择登录不同的 Rational 项目，Rational Test 登录对话框如图 2-1 所示。

启动 TestManager 后，可以从菜单或工具栏启动其他的 Rational 产品和组件，图 2-2 所示即为从菜单进入其他 Rational 工具。

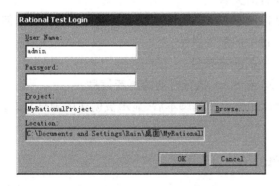

图 2-1　Rational Test 登录对话框

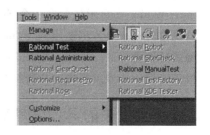

图 2-2　工具菜单

图 2-3 展示了 TestManager 的主窗口和它的一些子窗口。

选择 View 菜单下的 Test Asset Workspace 命令，显示测试资产工作区。测试资产工作区有 4 个标签：计划标签、执行标签、结果标签和分析标签，不同标签显示项目中测试资

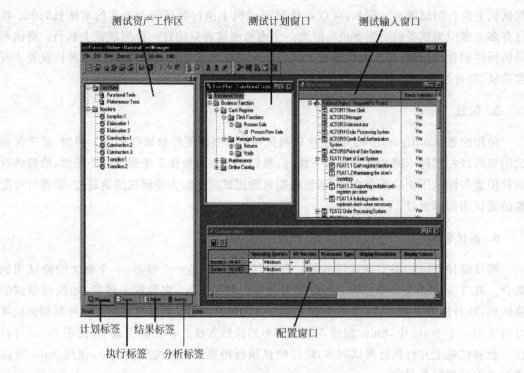

图 2-3　TestManager 子窗口

产的不同视图。右键单击 Workspace 中任何一个测试资产均可显示快捷菜单。在空白区域右键单击窗口底部附近,允许 Workspace 浮动在主窗口中。

Planning 标签编列项目中的测试计划和迭代。Execution 标签编列项目中的 Suites、测试机和测试机列表。Results 标签编列项目中的 Builds、测试日志文件夹和测试日志。Analysis 标签编列项目中的报告。

其他 TestManager 窗口包括:

测试输入窗口——显示测试输入与项目的关联。

测试计划窗口——显示一个测试计划以及它包含的全部测试用例文件夹和测试用例。

配置窗口——显示所有的配置以及项目中的配置属性。

Suite 窗口——显示包含在一个 Suite 中的所有条目。

监视窗口——显示测试用例、测试脚本,或 Suite 执行时期的更新信息。

测试日志窗口——执行一组 Suite、测试用例或测试脚本后,显示被创建的测试日志。

报告窗口——显示报告的执行结果。

2.1.5　相关的 Rational 软件

1. 项目管理与 Rational Administrator

在 Rational 系列软件中,使用 Rational Administrator 创建和管理 Rational 项目,并在 Rational 项目中存储软件开发和测试信息,所有 Rational 其他工具软件从相同的 Rational 项目中更新和回收数据。Rational 项目中的数据类型依赖于已经安装的 Rational 软件。

Rational 项目一般包含如下组成部分：

Rational Test Datastore——保存应用程序的测试信息，如测试计划、测试用例、测试日志、报告和构架。

Rational RequisitePro project——保存产品的系统需求、软件硬件需求以及用户需求。当 RequisitePro Datastore 与 Rational Administrator 中的项目建立了关联时，TestManager 会自动使用 Datastore 中的需求作为测试输入。

Rational Rose models——保存业务过程、软件组件、类和对象的虚拟模型以及分布和配置部署的虚拟模型。

Rational ClearQuest database——保存软件开发的变化需求，包括增加的需求、缺陷报告和文档的修改。

创建 Project 项目步骤参见本章后面的内容。

2. 自动测试脚本与 Rational Robot

迭代式软件开发已逐渐取代传统的瀑布式软件开发，成为现在软件研发过程的主流。迭代式软件开发强调在较短的时间内产生多个可执行、可测试的软件版本，意味着测试人员必须为每次迭代产生的软件系统进行测试，测试工作频率增加了。每经过一次迭代，测试工作量会逐步累加。在这种情况下，使用传统的手工测试方法，很难确保测试工作的进度和质量，因此，应用良好的自动化测试工具势在必行。

使用 Rational Robot，可以为功能测试和性能测试开发自动测试脚本。该工具能够监测测试人员和应用程序之间的任何交互行为，并自动生成相应的测试脚本。Rational Robot 具备广泛的环境支持，尤其对 HTML、Java、.NET、Visual Basic、PowerBuilder、Delphi、Oracle 表单和 MFC 控件有着很强大的支持。Rational Robot 提供了灵活的和可扩展的脚本语言 SQA Basic。SQA Basic 简单易懂，没有编程经验的测试人员也能够理解。同时 SQA Basic 功能强大，能满足专业测试工程师进行复杂测试编程的需求。

Robot 和 Rational TestManger 的紧密集成，实现了自动化测试的有效管理。在 TestManager 中可以创建复杂的测试执行组合，以协调测试执行的时间安排和测试脚本的依赖关系。通过在远程机器上安装"测试代理"，TestManager 能够和远程的机器通讯并在远程机器上执行测试脚本。

针对不同测试机上的软硬件系统，测试脚本需要略微不同的版本。TestManager 对远程机器是可配置的（操作系统、处理器或其他条件），TestManager 根据配置对给定的测试机发送正确的自动测试脚本，并针对配置执行测试脚本。

3. 需求与 Rational RequisitePro

在需求分析、建立需求跟踪矩阵等活动中，一个团队或几个小组进行协作时，有大量的 Word、Excel 文件需要在不同的人员间传递，会产生诸如文档传递不顺畅、协作人员的需求用例重叠、扩展需求遗漏等问题。

Rational RequisitePro 是一个强大、易用、可集成的需求和用例管理工具，能够帮助项目团队改进项目目标的沟通，增强协作开发，降低项目风险，以及在部署前提高应用程序的质量。Rational RequisitePro 项目包括若干 Microsoft Word 文档和一个后台数据库。

RequisitePro 使用 Word 文档和数据库这两种方式来存储并管理需求,使得 RequisitePro 兼有数据库的强大功能和 Word 的易用性,从而实现高效的需求管理。

RequisitePro 支持需求详细属性的定制和过滤,提供了详细的可跟踪性视图,通过这些视图显示需求间的父子关系,以及需求之间的相互影响关系,同时通过导出 XML 格式的项目基线,比较项目间的差异。

RequisitePro 通过与 Rational 系列软件产品的广泛集成,扩展了 RequisitePro 及其他产品的功能,为软件工程生命周期内的各个阶段提供了强大、方便的信息查询、跟踪、管理功能,从而促进团队沟通,帮助管理变更和评估变更的影响,帮助验证规划需求,降低项目风险。

使用 Rational Administrator 创建 Rational 项目时,可以将 RequisitePro 项目与 Rational 项目关联,然后,使用 RequisitePro 项目中的需求作为 TestManager 中测试计划的测试输入,建立需求与测试用例之间的关联。通过 RequisitePro 需求数据库和 TestManager 的集成,并连接需求测试用例,可以保证所有需求在开发前被测试。

4. 缺陷与 Rational ClearQuest

Rational ClearQuest 是针对软件开发的动态性和交互性而设计的需求变更管理工具,用以跟踪和管理整个开发过程中的缺陷及需求的变更,包括扩充需求、缺陷报告和文档修改。它体现了 BUG 从提交到关闭的完整生命周期,记录了 BUG 的改变历史。同时 ClearQuest 提供了各种查询功能,及时反映 BUG 的处理情况。使用 TestManager,可以直接从测试日志里提交缺陷到 ClearQuest 中。TestManager 根据测试日志中的内容,自动填写缺陷信息到 ClearQuest 的一些区域。

5. 报告与 Rational SoDA

对大型复杂的软件系统,文件量非常大,为保证准确性,文件又必须不断更新,以反映当前的开发状况。SoDA 能将文档制作自动化,大幅度减少软件文档制作的工作量。SoDA 可以读取多种软件工具内的消息,依照用户定义的格式,自动编排文档。SoDA 与 Word 完全集成,使用 SoDA 时,屏幕上出现 Word,其中的工具条上出现 SoDA 的新增内容,所有 Word 功能均可使用,用户可以用 Word 的功能来强化 SoDA 文件的效果。

SoDA 可以和多种 Rational 工具集成,协助用户制作开发过程中的各类文档。无论是需求管理工具 RequisitePro、UML 建模分析工具 Rose,还是自动测试和测试管理工具,SoDA 都可读取其中的信息,自动生成需求文件、设计文件及测试文件。

SoDA 通过原始信息和文档的一致性检查,维持文件与原始开发资料同步。针对因原始资料改动而受到影响的文件段落,SoDA 自动更新部分文件内容,大幅度节省文件整理时间和成本。在文件中直接编辑的图文,在文件重新生成后仍然会保留在文件中。无论版本如何更新,SoDA 都会将它们纳入最新版的文档,保持文档的一致性,真实反映当前开发的实际状况。

文档样式可用来规范文件的编排方式、文件结构与格式。样式范例是 SoDA 的特色之一,这些范例定义如何从不同的软件工具读取特定的信息,以及文件的编排方式和文件格式。经过一定样式产生的标准文件,可以促使开发队伍遵循 ISO9000、SEI/CMM、IEEE 等质量标准。用户也可以自建文件样式,SoDA 提供样式向导(wizard),让用户以所见即所得的方式制作符合标准的文件样式。SoDA 让用户无须编写程序就能得到各种形式的文档。

2.2 测试计划

测试计划是迭代定义的不断完善的测试资产,当测试计划完成时,已经限定了要测试的内容。TestManager 中,一个测试计划包含很多测试用例,测试用例使用测试用例文件夹组织。开发团队中不同的成员和角色,会在不同的时间提出需要定义的新测试用例,测试人员随时可以添加要测试的新内容到测试计划中。

在 TestManager 中,测试计划的编制由以下几个主要工作组成:收集并确定测试输入、创建测试计划、创建测试用例文件夹、创建测试用例、限定测试时的资源配置、定义执行测试的迭代。

2.2.1 确定测试输入

编制测试计划的目标是创建测试列表,测试列表包含所有需要测试的内容。创建测试列表的方法之一是在编制的开始阶段,寻找可利用的资源,如原型、软件架构、功能描述、需求分析、可视模型、源代码文档、需求变化等,这些资源是测试计划编制阶段的输入,帮助决定需要测试的内容。构建了测试列表,即确定了需要测试的内容之后,就可以创建测试用例了。测试用例限定以测试输入为基础,从而将测试输入和测试用例联系起来,这样容易跟踪测试输入的改变,因为测试输入的改变可能引起测试用例的变化。

TestManager 有两种内置的测试输入类型:Rational RequisitePro 工程中的需求类型和 Rational Rose 可视模型中的元素类型。使用 Rational Administrator 将 RequisitePro 中的工程和 Rational 中的工程联系起来,RequisitePro 中的需求会自动出现在 TestManager 的测试输入窗口。需求在 RequisitePro 中创建和管理,但可以从 TestManager 中修改需求的属性。TestManager 中注册 RequisitePro 工程作为测试输入资源的步骤如下:

(1) 单击 Tools→Manage→Test Input Types。

(2) 打开 Rational RequisitePro,并单击编辑 Edit。(如果 Edit 不可用,是因为没有管理员权限)

(3) 单击 Sources 标识和 Insert 项,弹出 New Test Input Source 窗口。在该窗口中注册 RepuisitePro 工程作为测试输入资源。新建测试输入资源对话框如图 2-4 所示。

除支持 RequisitePro 需求和 Rational Rose 模型元素外,测试人员还可以定义习惯的测试输入类型,以符合测试环境的需求。例如,可以使用 Microsoft Excel 中的数据作为测试的输入,也可以定义 C++ 中的工程文件作为测试输入类型。

对于 TestManager 支持的测试人员定义的扩展类型,需要写一个测试输入转换器。测试输入转换器是 TestManager 调用的动态链接库(DLL)和一些函数,当连接到测试输入资源或从该资源断开的时,调用该 DLL。Rational 公司和其合作伙伴开发了一些可以使用的常用转换器。实施 DLL 之后,需要在 TestManager 中定义新的类型并注册资源,具体操作方法如下:

(1) 单击 Tools→Manage→Test Input Types。

(2) 单击 New,弹出如图 2-5 所示新建测试输入类型对话框。

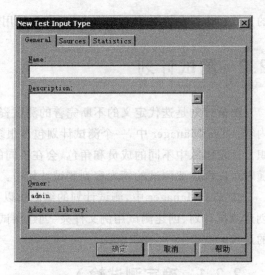

图 2-4　新建测试输入资源对话框　　　　图 2-5　新建测试输入类型对话框

在 TestManager 中定义新的类型并注册资源后,资源显示在测试输入窗口中。

2.2.2　创建测试计划

测试计划是 Rational Test 数据存储的资产,一个 Rational 项目可以有一个或多个测试计划。TestManager 中,可以用不同的方法组织,每个测试计划都可以包含复合测试用例文件夹和测试用例。在测试资产工作区的计划编制标签中,右键单击要打开的测试计划,单击 Open 打开测试计划窗口。在下面的例子中,名为 Function Test 的测试计划包含了测试用例文件夹和测试用例,如图 2-6 所示。

TestManager 提供一个默认名为 Test Plan1 的空测试计划,可以使用它开始计划编制,也可以创建自己命名的测试计划。创建新的测试计划:在测试资产工作区的计划编制标签中,右键单击测试计划,单击 New Test Plan,弹出如图 2-7 所示新建测试计划窗口(没有管理员权限,New Test Plan 菜单命令将不可用)。

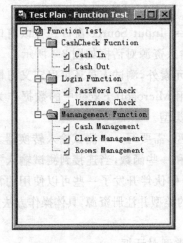

图 2-6　测试计划窗口　　　　　　　　　图 2-7　新建测试计划窗口

测试计划具有很多属性,如:测试计划的名称(必需的)、描述、所有者、配置关联、迭代关联、外部文档关联等。除测试计划的名称是必需的,其他属性可以在创建测试计划时添加,也可以创建测试计划后添加或修改。

打开一个测试计划后,在 Tools 工具栏中选择 Customize 菜单(Tools → Customize),可以定制不同测试资产(Test assets)的属性。如果在测试计划窗口中创建只属于一个测试计划的测试用例文件夹,这个新的文件夹将继承所有属于该测试计划的迭代关联和配置关联。改变测试计划属性值的方法为:在测试计划窗口或者测试资产工作区的计划编制标签(Planning tab)中,右键单击测试计划,单击属性(Properties)命令。测试人员也可以复制一个已存在的测试计划和它的所有属性。

2.2.3 组织测试用例文件夹

在测试计划中,可以创建测试用例文件夹(Test Case Folder)分层次组织测试用例。例如,创建了测试计划,可以按以下方式创建测试用例文件夹组织测试用例:项目组中的测试人员、测试的种类或类型(单元测试、功能测试、执行测试和其他)、系统的用例、应用程序的主要模块、测试过程的阶段等。还可以在测试用例文件夹中再创建测试用例文件夹。例如,已经有了一个测试人员的文件夹,继续为该测试人员需要测试的功能块创建子文件夹。

创建测试用例文件夹:在测试计划窗口中,右键单击测试计划或测试用例文件夹,单击 Insert Test Case Folder,弹出如图 2-8 所示创建测试用例文件夹窗口。

和测试计划一样,测试用例文件夹有确定的属性,包括:文件夹的名称(必需的)、描述、所有者、配置关联、迭代关联。文件夹的名称是必需的,其他属性可以在创建文件夹时添加,也可以

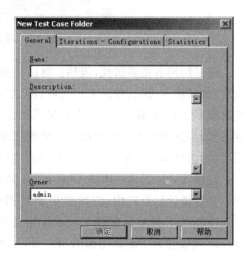

图 2-8 创建测试用例文件夹窗口

在创建文件夹后添加或修改。在测试计划窗口中创建的只属于一个文件夹的测试用例,继承该文件夹所有迭代关联和配置关联,但是测试人员也可以改变不合适的测试用例关联。

2.2.4 创建测试用例

定义了测试输入和决定如何测试之后,就可以创建这个测试用例了。测试用例作为 Test Manager 中的测试资产,是"我将如何进行测试?"问题的答案。开发测试用例的目的,是为了使系统在假定的方式下有效工作,以及系统在成品之前确立对质量的要求。测试计划中包含测试用例,测试用例属于测试计划中的一个测试用例文件夹。

有两种途径可以创建测试用例:在测试计划窗口中,右键单击一个测试用例文件夹,单击 Insert Test Case。或者在测试输入窗口中,右键单击一个测试输入,单击 Insert Test Case。如图 2-9 所示为新建测试用例对话框。

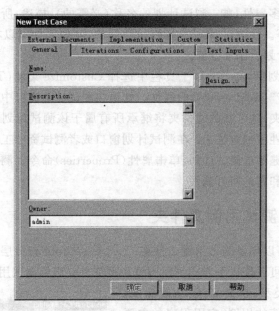

图 2-9　新建测试用例对话框

测试用例有很多属性，包括：测试用例的名称（必需的）、描述、所有者、配置关联、迭代关联、测试输入关联、外部文档关联、测试用例手册和测试用例的自动执行、可以运行的实际测试脚本、测试用例的设计（当测试用例被实施时，用例执行的步骤和检验点）、前置条件、后置条件、测试用例的验收标准等。除测试用例名称是必需的，其他属性可以在创建测试用例时添加，也可以在创建测试用例后添加或修改。

选择 Tools 工具栏中的 Customize 菜单（Tools→Customize），可以定制测试资产的属性。在测试计划窗口中，右键单击测试用例，单击 Properties，可以改变测试用例的属性。在新建测试用例对话框的 General 标签的 Owner 列表中可以选择测试用例的所有者，Owner 列表包含了测试用例的用户 ID，这些用户 ID 是通过 Rational Administrator 添加到项目中的。所有者对于计划的编制和目的的跟踪很重要，例如，可以运行测试用例的分布记录，以了解测试用例针对所有者的分布情况。

2.2.5　测试时的资源配置

要使应用程序的某个功能模块工作在多种软硬件配置下，成配置的测试用例（Configured Test Cases）是很有用的。通过配置设立测试用例，以便这些测试用例在特定的硬件和软件支持的计算机上运行。TestManager 中，首先定义配置，然后将配置与测试用例关联起来，从而创建成配置的测试用例，测试人员就可以在合适的机器上运行这些成配置的测试用例。例如，有一个测试用例"登录应用程序"需要在两种软件配置上运行：Windows 2000 与 Netscape 4，Windows XP 与 Internet Explorer 4，这时测试人员应创建两种配置与该测试用例相关联，只有所有成配置的测试用例都通过，这个测试用例才通过。成配置的测试用例运行后，可以创建经过过滤的只包含测试人员特定配置的结果分布报告。

配置的设置主要包括以下四个方面的内容：

(1) 定义测试用例的配置属性。TestManager 有许多内置的属性，包括显示颜色、显示分辨率、内存、操作系统、操作系统的 Service Pack、操作系统版本、CPU 类型以及 CPU 数目等。但是测试用例的许多属性并非 TestManager 的内置属性，这时就需要定义这些属性和它们可能的值。例如，浏览器不是内置属性，需要创建一个命名为"浏览器"的属性，属性值则是 Internet Explorer 或者 Netscape。

新建配置属性：单击 Tools→Manage→Configuration Attributes，在 Manage Configuration Attributes 窗口中单击 New 命令，弹出如图 2-10 所示新建配置属性对话框。

(2) 为将要运行成配置的测试用例的计算机创建一个命名为 tmsconfig.csv 的文件，这个文件包含为该台计算机设置的常规属性和适当的属性值。例如，假设一台计算机使用 Internet Explorer 4，那么，必须在该计算机上创建一个 tmsconfig.csv 文件，用来指明 Internet Explorer 4 就是该计算机上使用的浏览器。

(3) 定义需要测试的特定配置。新配置的定义：单击 Tools→Manage→Configuration，在 Manage Configuration 窗口中单击 New 命令，出现如图 2-11 所示新建配置对话框。

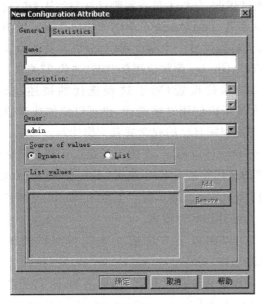
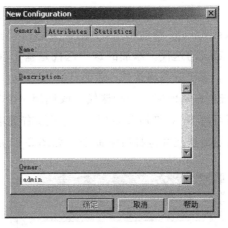

图 2-10　新建配置属性对话框　　　　　　　图 2-11　新建配置对话框

(4) 创建了配置后，将配置与测试用例关联。

定义属性和配置是一个迭代的过程，测试人员应该尽最大可能在整个测试过程中持续添加和精炼这些属性和配置。

可以用下面的方法建立配置与测试用例的关联：

① 创建新测试用例时，在 New Test Case 对话框中单击 Iterations-Configurations 标签。

② 对测试用例的属性进行编辑时，在 Test Case Properties 对话框中单击 Iterations-Configurations 标签。

③ 在 Test Plan 窗口中，右键单击一个测试用例，并单击 Associate Configuration 选择配置进行关联。

也可以将配置与测试计划和测试用例文件夹相关联。当建立了配置与测试计划或文件夹的关联时,这些配置自动与这个测试计划或文件夹中所有测试资产相关联。在测试计划窗口中关联了一个配置时,也可以将此配置与该测试计划或文件夹的所有现存子集相关联。配置的测试用例会出现在测试计划窗口中测试用例的下面,如图 2-12 所示,测试用例 Cash In 与配置 config1 相关联。

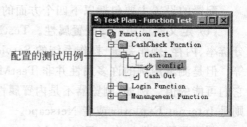

图 2-12 配置的测试用例

2.2.6 创建并编辑迭代

在 TestManager 中创建完所有的测试用例后,使用迭代确定需要实际执行和通过的特定的测试用例。Rational 项目中,一个迭代是一个被定义的时间跨度、产品符合指定的质量标准并达到一个里程碑。质量标准由测试用例定义,而这些测试用例在特定的迭代中必须通过。在许多组织中,测试人员与分析人员或项目经理一起工作确定需要通过的测试用例。例如,在项目初始阶段创建所有能考虑到的测试用例,分析人员查阅测试计划并认为测试用例 1、2、3 和 8 对于"迭代 2"是重要的。测试人员在 TestManager 中创建这四个测试用例并与"迭代 2"关联。如果在测试进行期间,测试人员提供另一个测试用例,分析人员认为该用例对于"迭代 2"也很重要,于是测试人员向 TestManager 添加该用例并与"迭代 2"关联。

TestManager 提供一个基于 RUP 的初始迭代设置(对于这些迭代的描述,参阅 TestManage 帮助和 RUP 相关文档)。测试人员可以使用这些迭代,也可以添加或者修改已定义的迭代。添加的这些迭代是基于软件开发组织自己的观念或者工作计划。

创建或编辑迭代:选择 Tools→Manage→Iterations 命令,在弹出的迭代管理对话框中单击 New 创建一个新迭代。或选择一个现存的迭代并单击 Edit 编辑(不具有管理员权限,不可用 New 和 Edit 按钮)。也可以右键单击 Iterations 或测试资产工作区 Planning 标签中特定的迭代并选择所需命令。如图 2-13 所示为新建迭代对话框。

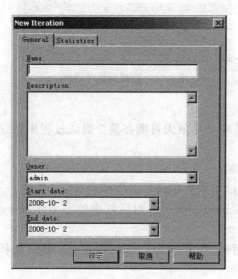

图 2-13 新建迭代对话框

可以用以下方法建立迭代与测试用例的关联:

① 创建新测试用例时,单击 New Test Case 对话框中的 Iterations-Configurations 标签。

② 编辑现存测试用例的属性时,单击 Test Case Properties 对话框中的 Iterations-Configurations 标签。

③ 在 Test Plan 窗口中,右键单击一个测试用例并单击 Associate Iteration。

也可以将迭代与测试计划或用例文件夹建立关联。将迭代与测试计划或文件夹关联时,这个迭代会自动地与所有属于这个测试计划或文件夹的测试资产相关联。测试人员可以执行关联于特定迭代的所有的测试用例。

2.2.7　使用测试输入建立跟踪

测试输入帮助决定测试内容,创建测试用例时,通过建立测试输入与测试用例的关联,当测试输入发生改变时,测试人员可以确定关联的测试用例是否需要修改,也可以使用这种关联确定测试用例是否覆盖了所有的测试输入。

同样使用以下方法建立测试输入与测试用例的关联:
① 创建新测试用例时,单击 New Test Case 对话框中的 Test Inputs 标签。
② 编辑现存的测试用例属性时,单击 Test Case Properties 对话框中的 Test Inputs 标签。
③ 在 Test Plan 窗口中,右键单击一个测试用例并单击 Associate Test Input。
④ 在 Test Inputs 窗口中,右键单击一个测试输入并单击 Associate Test Case。

2.3　测试的设计

测试计划定义了需要测试的特征,测试设计则决定如何进行测试,即回答问题"我如何执行这个测试用例?"在实际系统实施之前或期间,项目人员基于测试输入(如特征描述或软件需求说明)设计测试。

在测试用例设计阶段,需要确定:
① 执行测试需要的基本步骤。
② 验证点——如何使测试的项目或特征用效适当地工作。
③ 测试用例的前置条件——如何设置应用程序和系统以便测试用例可以执行。
④ 测试用例的后置条件——测试用例执行后如何做清除。
⑤ 决定测试用例是否通过的标准。

使用自动测试工具 Rational Robot,按照测试用例设计中描述的步骤创建自动测试脚本,该测试脚本成为测试用例的一个实施,因此也是测试用例本身。也可以输入测试设计到手工测试脚本中,则手工测试脚本成为测试用例的实施。

2.3.1　指明测试步骤和检验点

测试脚本中,一个步骤指应用系统的一个活动。第一次设计时,测试步骤可以是概略的,随着系统开发进程的进行,测试步骤会变得明确、具体。检验点用来确定一个或多个测试用例需要达到的目标状态。

设计测试用例:在测试计划窗口中,右键单击测试用例。单击 Design,出现如图 2-14 所示的测试设计编辑器。测试设计编辑器用来指明测试的步骤或检验点。

单击测试设计编辑器的 OK 按钮,该设计就成为测试用例的一个属性。测试设计是迭代过程,系统在开发进程中,可以添加更多的步骤和检验点到设计中。

建立测试用例与已存在的手工测试脚本的关联:右键单击测试用例名称,选择 Properties 命令,在弹出的测试用例属性对话框中单击 Implementation 标签,然后单击 Import from Test Case Design 按钮。

2.3.2　指明测试用例条件和可接受标准

测试用例的前置条件(Preconditions)指确保测试用例正确运行的相关设置。后置条件

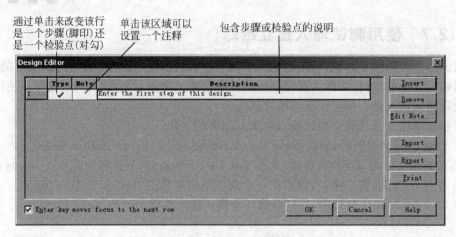

图 2-14 测试设计编辑器

(Post-conditions)指测试用例运行后,让其返回某个已知状态需要的清除步骤。可接受标准(Acceptance criteria)定义测试用例运行通过的期望结果或功能特征,否则测试用例运行失败。前置条件和后置条件为测试执行者提供信息,描述操作开始或结束时的系统约束。前置条件或后置条件失败并不意味着测试的行为或功能不能工作,而是意味着与约束不符。例如,如果测试用例需要验证登录到系统的响应时间是否可接受,可以在测试用例中包含以下信息:①前置条件:必须拥有登录系统的用户 ID,系统必须在退出状态中。②后置条件:登录并成功验证该测试用例后,需要退出登录。③可接受标准:此测试用例的通过,响应时间范围应当在 0.5 秒到 2.0 秒之间。

在 TestManager 中,指明前置、后置条件和可接受标准,可在 Test Plan 窗口中,右键单击一个测试用例,单击 Properties,然后单击 Implementation 标签,如图 2-15 所示。

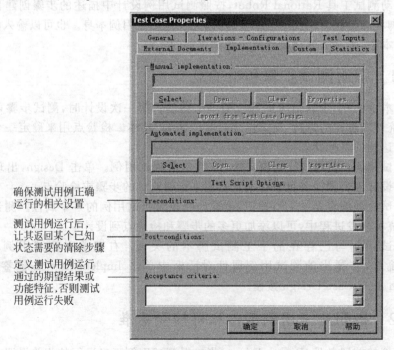

图 2-15 测试用例属性 Implementation 标签

2.4 测试的实施

2.4.1 创建测试脚本

创建了测试设计后,就可以使用自动化测试工具或手工测试工具创建合适的测试脚本,并通过建立测试脚本与测试用例的关联来实施测试用例。另外,在 TestManager 中还可以通过创建 Suite,并在 Suite 中插入测试脚本来实施测试。TestManager 紧密集成了 Rational 的测试实施工具:Rational Robot 中记录的自动测试脚本和 Rational ManualTest 中创建的手工测试脚本。

TestManager 包含以下内置自动测试脚本类型,如果安装了 Rational Robot,这些测试脚本在 Rational Robot 中执行:

GUI:用 SQABasic 编写的测试脚本。SQABasic 是 Rational 专有的类 Basic 脚本语言,GUI 测试脚本主要用来做功能测试。

VU:用 VU 编写的测试脚本。VU 是 Rational 专有的类 C 语言脚本语言,VU 测试脚本主要用来做性能测试。记录一个 VU 测试脚本,实际上记录的是一个 Session,可以由 Session 产生 VU 或 VB 测试脚本。

在 TestManager 中,单击 File→Record Test Script→GUI 或 VU,启动 Robot 并打开 Record 对话框,以记录一个测试脚本。有关记录自动测试脚本信息,参阅本书 Rational Robot 部分。

TestManager 包含内置的在 Rational ManualTest 中实施的手工测试脚本类型。手工测试脚本包含人工执行的测试指令集合。TestManager 还可以扩展测试脚本的类型以实施其他符合测试环境的测试脚本。

由测试用例设计创建手工测试脚本步骤:在测试用例属性对话框中,单击 Implementation 标签中的 Open 按钮,打开手工脚本编辑工具。设计中的步骤和检验点作为手工测试脚本中的步骤和检验点。也可以直接打开 Rational ManualTest 建立手工测试脚本,并使该测试脚本成为该测试用例设计的一个实施。相关内容请查看 Rational ManualTest 说明书。

2.4.2 建立实施与用例的关联

创建一个实施之后,就可以建立实施与测试用例的关联。执行该测试用例,也即执行该测试用例的实施。通过建立测试脚本与测试用例的关联,测试人员还可以执行报告以提供测试的覆盖信息。TestManager 提供给以下内置的实施类型:GUI 测试脚本、VU 测试脚本、VB 测试脚本、Java 测试脚本、Command-line 可执行编程、Suites、手工测试脚本。TestManager 也提供与其他已经注册的测试脚本类型的关联。

建立测试实施与测试用例的关联:在测试计划窗口中,右键单击一个测试用例,并单击 Properties,显示测试用例属性对话框。单击 Implementation 标签,如图 2-16 所示。

最多可以有两个实施与一个测试用例关联:一个手工的和一个自动的。如果它们同时关联于一个测试用例,执行测试用例时,TestManager 执行自动测试脚本的实施。配置的测试用例继承父测试用例的实施。在 Configured Test Case 对话框中,单击 Select 按钮可以改变一个配置的测试用例的实施。

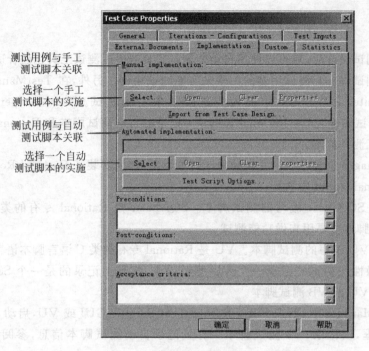

图 2-16 建立测试用例关联

测试计划窗口中的图标指明了测试用例是否有一个实施,并指明是自动的还是手工的。对于配置的测试用例,该图标也指明该实施是否继承于它的父测试用例,如图 2-17 所示。

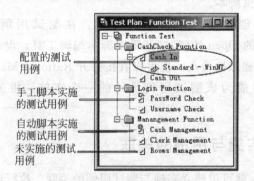

图 2-17 测试用例的图标指示

2.4.3 定义代理测试机和测试机列表

默认方式下,测试在本地测试机上执行,但也可以添加其他名为 Agents 的测试机执行测试。性能测试使用代理测试机添加工作量到服务器中;功能测试使用代理测试机并行执行测试,以节约测试时间。添加一台代理测试机:单击 Tools→Manage→Computers,然后单击 New,显示如图 2-18 所示测试机属性对话框。

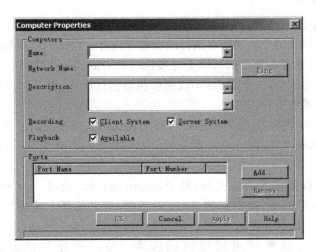

图 2-18 测试机属性对话框

在该对话框添加一个代理测试机到 TestManager 中。测试机可以包含下面的属性。

- 名称：测试机的名称，帮助识别该测试机。
- 网络名称：网络名称为测试机在网络中的标识。单击 Ping 命令检查并确认该测试机的网络名称是否可用。
- 描述：测试过程中可能需要的测试机描述信息。
- 记录的用途：TestManager 在记录期间将测试机视为客户机还是服务器。
- 录制回放的用途：系统对测试脚本的录制回放是否可用。
- 端口信息：与系统关联的 TCP/IP 端口信息。

定义测试机之后，如果多台测试机有相似的配置或执行相似的任务，可以把它们合并到测试机列表中，使用列表代替单个测试机。创建测试机列表：单击 Tools→Manage→Computer Lists，然后单击 New。如图 2-19 所示为创建测试机列表对话框。

测试机加入列表之前，必须单个添加该测试机到 TestManager 中。输入测试机列表的名称和描述后，可以添加测试机到列表中。在新建测试机列表对话框中，单击 Select 选择要加入列表的测试机。定义了测试机和测试机列表后，它们对于 Suites 的执行就是可利用的资源。

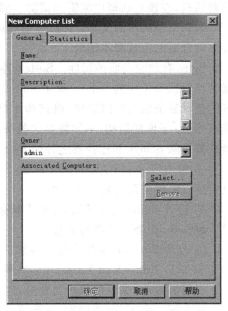

图 2-19 创建测试机列表对话框

2.4.4 Suite 作为测试实施

Suite 也是在 TestManager 中实施测试的方法，一个 Suite 展示了测试工作的分层描述，或添加到系统中的工作量。Suites 展示了用户、计算机组、以及每个组的资源分配、执行哪个组的测试脚本以及每个测试脚本执行的次数等内容。测试人员要想在一台特定的测试机上执行功能测试，或者在几台测试机上分布执行功能测试的测试脚本，使用 Suite 可以达到这些目标。性能测试中，一个 Suite 不仅能够执行测试脚本，也可以模拟用户的活动添加工作量到一台服务器中去。

TestManager 中，创建 Suite，并把 Suite 作为测试的实施涉及到以下方面：定义用户或计算机组、添加测试脚本、添加 Suites 到 Suite 中（使用 Suites 作为 Suite 的内部构建块）、添加测试用例。

有几种方法可以创建 Suite：向导、基于 Robot Session 或另一个 Suite、使用空白模板等。单击 File→New Suite，弹出新建 Suite 对话框，可以选择上述创建 Suite 的方法。在 Suite 中使用的测试脚本或测试用例必须是可用的。使用向导创建功能测试 Suite 时，TestManager 帮助选择测试用例和测试脚本。使用向导创建性能测试 Suite 时，TestManager 帮助选择执行测试的测试机，并帮助关联测试脚本。创建 Suite 后，可以从菜单或是测试资产工作区中打开 Suite。从菜单中打开 Suite：单击 File→Open Suite；在测试资产工作区中打开 Suite：在 Execution 标签中，双击树中的 Suite。

测试脚本除属性名称和类型之外，还只有描述和目的（Purpose）等属性。编辑测试脚本的属性：打开 Suite，选择要编辑的测试脚本，然后单击 Edit→Properties，弹出测试用例属性对话框，在该对话框中编辑测试脚本属性。

编辑测试脚本的文本：选择要编辑的测试脚本，然后单击 Edit→Open Test Script，就会启动合适的测试脚本编辑工具。

Suite 有与它关联的属性。Suite 实例的属性包括 Suite 描述和 Suite 拥有者，使用这些属性可以区分不同的 Suite。编辑 Suite 属性：打开 Suite，然后单击 File→Properties。Suite 可能包含复杂的用户组结构、测试脚本和场景（Scenarios）。删除一个 Suite 条目和重新创建该 Suite 下面的结构，不如替换这些条目。TestManager 中，可以通过直接插入条目来编辑或替换除 delays 和选择器之外的 Suite 条目。更换 Suite 条目：

① 单击 Tools→Options→Create Suite，清除 Show numeric values 选项允许用户使用直接插入编辑来重命名条目名称。

② 打开 Suite，选择条目，并输入新条目名称。

编辑 Suite 条目的执行属性：

① 打开 Suite，并选择要编辑的条目。

② 单击 Edit→Run Properties，在弹出的对话框中编辑。

当编辑 Suite 条目的执行属性时，这种修改只影响条目的实例。例如，如果将一个测试脚本插入到一个 Suite 中两次，并改变了第一个测试脚本的执行属性，那么第二个测试脚本会保持先前的执行属性。

2.5 测试的执行

测试的执行即执行每个测试用例的实施，以此验证测试用例要验证的应用程序的特定行为。在 TestManager 中，可以通过自动化测试脚本、手工测试脚本、测试用例或 Suite 来执行测试。

2.5.1 测试脚本的执行

在 TestManager 中执行自动化测试脚本：
① 单击 File→Run Test Script，并选择 GUI 测试脚本类型。
② 选择要测试的脚本并单击 OK，打开运行测试脚本对话框，如图 2-20 所示。

单击 OK 后，TestManager 在测试机列表中第一台可用的测试机上执行测试脚本。测试脚本执行时，测试人员可以监控执行过程并查看测试日志。执行测试脚本时，即使该测试脚本与一个测试用例相关联，也不生成该测试用例的覆盖结果。要生成测试用例结果，应该执行测试用例而非测试脚本。

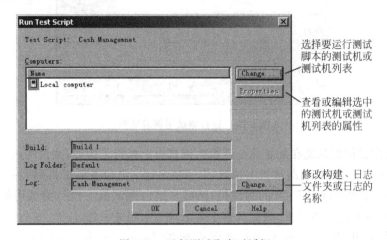

图 2-20 运行测试脚本对话框

在 TestManager 中，执行手工测试脚本：单击 File→Run Test Script→Manual 并选择一个测试脚本。或者在 Rational ManualTest 中，单击 File→Run 并选择一个测试脚本并执行。

手工测试脚本执行时，测试人员要手工执行在 Run Manual Script 窗口中列举的每一个步骤和验证点。对于步骤，测试人员选择 Result 检查对话框以指明已经执行了该步骤。对于验证点，测试人员单击 Result 单元，并选择 None、Pass 或 Fail，以指明该验证点是通过还是失败。执行一个手工测试脚本后，可以查看 TestManager 中测试日志中的结果。

2.5.2 测试用例的执行

执行测试用例，实际上是执行该测试用例的实施。该实施是关联于这个测试用例的测试脚本或 Suite。执行测试用例，有如下方法：单击 File→Run Test Case，选择测试用例并单击 OK；或者单击 File→Run Test Cases for Iteration，选择迭代并单击 OK。如图 2-21 所示为运行测试用例对话框。

单击 OK 按钮后，TestManager 依下列情况执行测试用例：
（1）如果选择的是成配置的测试用例但无实施，TestManager 不能执行该测试用例。
（2）自动测试脚本实施的测试用例会在测试机列表中第一台可用的测试机上执行。TestManager 匹配测试脚本的配置属性值和测试机 tmsconfig.csv 文件中确定的常规属性

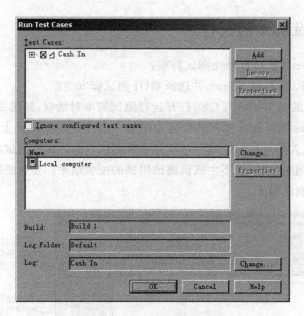

图 2-21　运行测试用例对话框

值,成配置的测试用例只能在配置完全匹配的测试机上执行。例如,测试用例的配置属性指明在一台 Windows 2000 的测试机上执行,TestManager 会检查测试机列表中每个测试机,直到它找到一台 Windows 2000 的测试机,然后在这台测试机上执行测试用例。如果列表中没有与该配置匹配的测试机,测试日志中会记录一条相关消息。

(3) 如果选中 Run Test Cases 对话框中的 Ignore configured test cases 复选框,TestManager 将忽视该配置并在任意一台可用测试机上执行该测试用例。

(4) 执行手工测试脚本实施的测试用例,TestManager 会启动 Rational ManualTest,测试人员在手工测试脚本中执行这些步骤和验证点,然后在测试日志中查看结果。

注意:执行测试用例时,TestManager 实际上产生一个临时 Suite 并执行该 Suite,执行完成后,TestManager 将其删除。

2.5.3　Suite 的执行

测试人员执行 Suite 包含下面的步骤:检查 Suite、检查代理测试机、控制 Suite 的执行期信息、控制如何终止 Suite、为 Suite 的执行确定虚拟测试者和配置、终止 Suite。

1. 检查 Suite 和代理测试机

测试人员可能错误地修改了 Suite 导致其不能正确执行,TestManager 在执行之前会自动对 Suite 进行检查。测试人员也可以在没有实际执行的情况下手工检查 Suite,以确定和纠正问题。TestManager 会针对多种错误类型检查 Suite。手工检查 Suite:

① 单击 File→Open Suite,打开要检查的 Suite;

② 单击 Suite→Check Suite。

另外,单击 Tools→Options,单击 Create Suite 标签,并选择 Check Suite when saving,这样,在保存 Suite 时,TestManager 也会自动检查 Suite。

如果虚拟测试者在代理测试机上执行,需要在执行 Suite 之前检查代理测试机,以确定 Suite 执行之前是否有问题存在。检查代理测试机时,TestManager 确保:

① 虚拟测试者确定的所有代理测试机实际存在。例如,如果错误地输入了一台代理测试机的名称,TestManager 检查后会提示。

② 该代理测试机是可用和可运行的。

③ 代理软件是运行的,TestManager 软件的相同发布版本必须安装在本地和代理测试机上。

检查代理测试机:

① 单击 File→Open Suite,选择一个 Suite。

② 单击 Suite→Check Agents。如图 2-22 所示为代理测试机检查窗口。

TestManager 在单独的窗口内显示代理测试机的问题。

图 2-22　代理测试机检查窗口

2. 控制 Suite 执行期信息

对 Suite 的执行期设置:

① 单击 File→Open Suite,选择一组 Suite。

② 单击 Suite→Edit Runtime,弹出如图 2-23 所示执行期设置对话框。

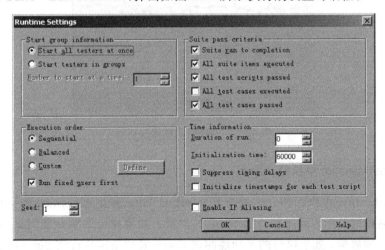

图 2-23　执行期设置对话框

通过执行期设置可以控制如下信息:

启动组信息(Start group information):在性能测试中,控制虚拟测试者如何开始。

执行顺序(Execution order):在性能测试中,控制执行顺序以确定从哪一个用户组开始。

时间信息(Time information):控制 Suite 执行的时间长度。

种子(Seed)：设置随机数字产生器种子。

可进行 IP 别名判断(Enable IP Aliasing)：在 VU HTTP 脚本中控制别名判断。

Suite 通过标准(Suite pass criteria)：Suite 通过或失败的标准。选择下面的一个：

(1) Suite 执行到完成(Suite ran to completion)：Suite 执行中，在没有手工终止的情况下必须执行完成。

(2) 所有的 Suite 条目都执行(All Suite items executed)：所有 Suite 中的条目必须完成它们的分配工作。

(3) 所有的测试脚本都通过(All test scripts passed)：无失败事件，无超时指令。

(4) 所有的测试用例都执行(All test cases executed)：Suite 中的所有测试用例必须完成全部工作。

(5) 所有的测试用例都通过(All test cases passed)：所有的测试用例都通过，即应用程序符合所有给定测试用例的测试目标。

如果不符合设置的标准，测试日志窗口中列举的 Suite Start 和 Suite End 事件为"失败"。

可以设置 Suite 终止状态对 Suite 的终止执行进行控制。例如，大量虚拟测试者是不规则完成的，可能要停止 Suite，以指明在运行时出现的错误。对 Suite 的终止状态进行设置：①单击 File→Open Suite，并选择要控制的 Suite；②单击 Suite→Edit Termination，弹出终止设置对话框。如图 2-24 所示：

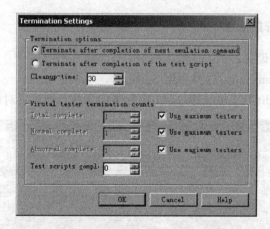

图 2-24　Suite 终止设置对话框

3. 从 TestManager 中执行 Suite

从 TestManager 中执行 Suite：单击 File→Run Suite，弹出运行 Suite 对话框，如图 2-25 所示。该对话框的显示依赖于执行的 Suite 的类型。如果执行的是性能测试 Suite，必须指定虚拟测试者的数量；如果执行的是功能测试 Suite，必须指定执行该 Suite 的测试机。

TestManager 在编译和执行未经编译或过期的测试脚本之前会检查该 Suite。在 Suite 执行期间，TestManager 把 Suite 执行结果保存到测试日志中，测试执行结束，测试人员通过运行报告来分析保存在测试日志中的数据，并用常规报告的形式或者曲线图表和图解的形式展现这些信息。测试执行前，通过 Options 对话框的 Run 标签更改有关日志的设置，指明包括 Build 数量、日志文件夹和日志文件名等信息。

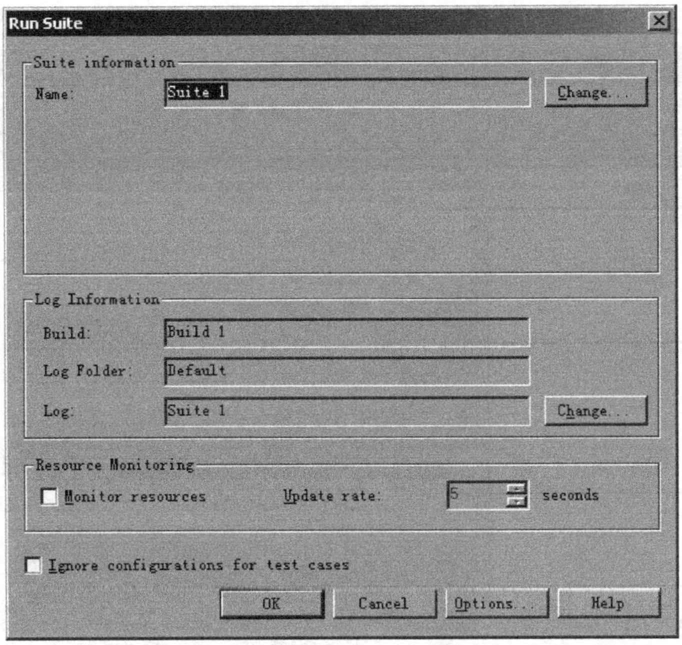

图 2-25 运行 Suite 对话框

2.5.4 Suite 的监控

Suite 执行期间，TestManager 监控测试机资源的利用情况和 Suite 进展。TestManager 的监控工具提供最新信息，该信息在 Suite 执行时动态更新。该信息包括：已成功执行的命令数量和失败的命令数量；虚拟测试者的一般状态；是否初始化、正在连接数据库或执行其他的任务；是否有虚拟测试者不正常终止。也可以用同样的方法监控测试用例和测试脚本的执行。

通过对 Suite 执行期间的监控，测试人员可以：确认一组 Suite 正在正常进行；在执行时发现潜在的问题，有必要的话，测试人员可以干预；挂起和重启虚拟测试者；更改共享变量的值；在同步点上释放虚拟测试者。

1. Progress 栏和默认视图

执行 Suite 时，TestManager 在 Progress 栏和默认视图中显示监控信息。Progress 栏提供执行状态的快速摘要。测试人员通过改变视图，可以查看每个虚拟测试者的摘要信息和细节信息。

图 2-26 展示了 Progress 栏和默认视图。

通过 Progress 栏，可以快速评估 Suite 是否成功执行。Progress 栏提供以下信息：

测试者(Testers)：处于执行状态虚拟测试者的全部数量。

活动(Active)：既不是挂起也不是终止的虚拟测试者数量。

挂起(Suspended)：处于暂停状态的虚拟测试者数量。

正常终止(Terminated：Normal)：成功完成任务的虚拟测试者数量。

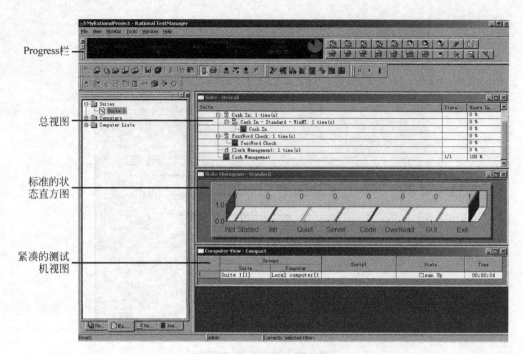

图 2-26　Progress 栏和默认视图

非正常终止(Terminated：Abnormal)：未完成任务的终止状态的虚拟测试者数量。

执行时间(Time in Run)：Suite 已经执行的时间,表示为小时：分钟：秒。

完成率(% Done)：Suite 已经完成的近似百分率。

TestManager 也展现 Suite 执行的三种视图：

Suite 总视图(Overall view)：展现虚拟测试者状态的一般信息。要展现 Suite 总视图,在 Suite 执行期间,单击 Monitor→Suite→Overall。Suite 总视图与实际的 Suite 相似,但包含了两个附加栏：Iteration 栏表示 Suite 条目在进展中有多少个迭代。例如,8/20 指明当前执行 Suite 条目的所有虚拟测试者,正在执行全部 20 个迭代中的第 8 个；Users Inside 栏表示当前执行 Suite 每个部分的虚拟测试者百分率,这些虚拟测试者已经被指派到该组并且还没有退出 Suite。例如,如果 Sales 用户组包含全部虚拟测试者的一半,那么该组在 Users Inside 栏中为 50%。如果该 Sales 组中的所有虚拟测试者正在执行 Read Record 测试脚本,对于这个测试脚本,在 Users Inside 栏中为 100%。

标准的状态直方图(State Histogram)：提供虚拟测试者正在执行任务的一般信息。例如,可能部分虚拟测试者正在初始化,部分虚拟测试者正在运行代码,还有部分虚拟测试者可能在连接数据库。该图表展现了在每种状态下虚拟测试者的数量。

紧凑的测试机视图(Computer View)：展现虚拟测试者的当前状态信息。在该视图中,可以单击特定的虚拟测试者展现其附加信息或控制它的操作。在 Suite 执行期间,也可以单击 Monitor→Computers,使用测试机视图查看本地和代理测试机资源的使用情况,以及测试机在执行开始和结束时的状态。测试机视图包括了测试的执行进展消息,指明测试机在什么时候创建或初始化、转移文件、终止虚拟测试者等操作。

2．用户和测试机视图

用户和测试机视图依赖于 Suite 类型和虚拟测试者的用户类型，动态展现了测试状态和虚拟测试者操作的细节。展现一个视图以查看单独的虚拟测试者的状态：在 Suite 执行期间，单击 Monitor→User 或 Monitor→Computer，并选择一个视图。

User/Computer View-Full：包含了所有虚拟测试者的完整信息。

User/Computer View-Compact：包含了所有虚拟测试者的概要信息。在执行代理测试机时，这是最有效的视图。

User/Computer View-Results：包含了每个仿真命令的成功和失败率的信息。

User/Computer View-Source：展现排列数量和执行源文件的名称。

User/Computer View-Message：与 User/Computer View-Compact 相似，同时显示来自 TSS 展示文本的最初 20 个字母。

所有的用户和测试机视图中，都可以做到：

(1) 变更显示的虚拟测试者，使跟踪某个虚拟测试者变得更容易。

(2) 展现用户或测试机视图时，展现虚拟测试者正在执行的测试脚本。双击第一栏中与虚拟测试者相邻的数字，TestManager 展现该测试脚本。

(3) 查看非正常终止的虚拟测试者信息。当一个虚拟测试者非正常终止时，TestManager 发送终止原因的消息到执行 Suite 的窗口中。右键单击该虚拟测试者，然后选择 View Termination Message 选项，可查看终止信息。

3．测试脚本视图

在 Suite 执行期间，单击 Monitor→Test Script，展现测试脚本视图，通过单击要查看的虚拟测试者查看其进展。测试脚本视图展现和突出了虚拟测试者正在执行的测试脚本代码行。

Suite 执行过程中可能遇到一些问题，TestManager 提供的工具能够调试测试脚本。在 Suite 执行期间，单击 Monitor→Test Script，并选择要调试的测试脚本。

可以选择以下调试选项：

Single Step：通过一条仿真指令（Emulation Command）执行测试脚本。该选项允许测试人员查看每条仿真指令发生的情况。使用该选项时，需首先挂起虚拟测试者，以利于精确地找到问题。

Multi-step：通过多条仿真指令执行测试脚本。使用该选项，需首先挂起虚拟测试者，同时选择多条要执行的仿真指令。

Suspend：下一个仿真指令开始时挂起虚拟测试。

Resume：允许挂起的虚拟测试者通过测试脚本恢复测试。

Terminate：终止虚拟测试者执行测试脚本。

Break Out：将虚拟测试者从以下状态中移出：等待一个共享变量、等待一个响应或 TSS 延迟功能。

要调试 Visual Basic、Java 或者其他类型的测试脚本，请参看与脚本类型相关的 API 文档。

2.6 测试的评估

2.6.1 测试日志

执行 Suite、测试用例或者测试脚本之后,TestManager 把结果写到测试日志中,使用测试日志窗口可以查看这些测试日志。手动打开测试日志窗口:单击 File→Open Test Log,或者在测试资产工作区的 Results 标签中,展开 Builds 树并选择一个日志,测试日志窗口如图 2-27 所示。

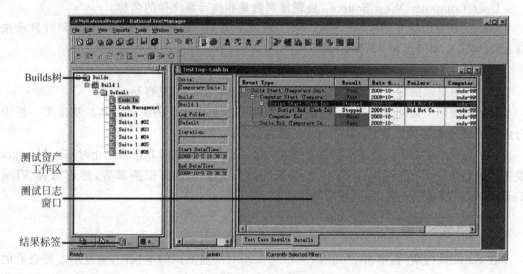

图 2-27 测试日志窗口

测试日志窗口包含了测试日志摘要(Test Log Summary)区域、测试用例结果(Test Case Results)标签和细节(Details)标签,如图 2-28 所示。注意,出现在测试日志摘要区域中的迭代是与 Build 关联的。

执行一个测试用例、测试脚本或者 Suite 之后,可以在测试日志窗口中快速评估运行结果。在测试日志窗口中,测试用例结果标签展现测试用例执行结果或者是包含了测试用例的 Suite 的执行结果,单击该标签可以查看测试用例是通过还是失败。如果执行的是测试脚本,即使该测试脚本是测试用例的实施,这个结果标签也是空的。

测试用例结果标签中,单击 View→Show Test Cases,然后选择要显示结果的测试用例。默认情况下,结果标签显示所有测试用例。测试用例结果栏是显示在测试用例执行时记录的,根据执行情况可能是下列值:Completed、Fail、Informational、Pass、Stopped、Unevaluated 或者 Warning。该实际结果也出现在运行结果的说明栏(Interpreting Test Case Results)中作为默认的说明结果。有些情况下,如果测试人员需要另外解释运行结果,可以在说明栏修改。例如,因为存在软件缺陷导致一个测试用例失败,这种情况下,失败是有效的,则在说明栏中纠正运行结果。

测试用例结果在提交(Promoted)之前,仅仅出现在测试日志中。提交一个测试用例结

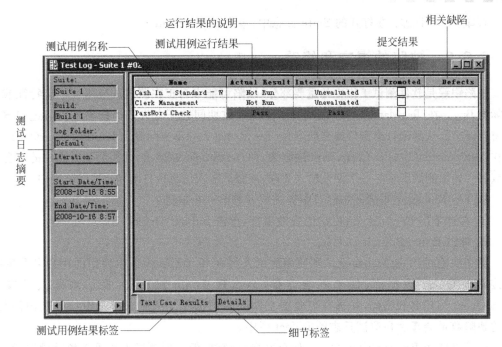

图 2-28 测试日志窗口

果,是指测试人员认定该结果对项目有用并使该结果对项目组其他人可见。提交不影响运行结果,仅仅指明该结果有意义,使其出现在相关报告中。不能提交运行失败的结果,因为这个结果对项目组没有意义甚至可能误导项目组。提交之后,关闭测试日志时必须保存运行结果使其出现在相关报告中。

测试用例结果标签中,可以通过名称(Name)、实际结果(Actual Result)、结果说明(Interpreted Result),或者提交状态(Promoted)分类排序测试用例。单击 View→Sort By,然后选择相应栏名称,或者直接双击相应栏头可以对测试用例排序。

测试用例结果标签中,选择一个测试用例,然后单击 View→Event Details,TestManager 显示细节(Details)标签并针对选择的测试用例显示事件细节。测试日志窗口中的细节标签包含日志事件,日志事件是在执行测试脚本、测试用例或者 Suite 时生成的。

显示细节标签时,单击 View→Properties,可打开日志事件窗口,查看特定事件。该窗口中的 General 标签显示事件类型、开始和停止执行时间、结果信息、测试脚本名称等信息。Configuration 标签显示执行测试脚本的测试机的相关配置信息。

查看测试脚本:
① 打开一个测试日志;
② 单击 Details 标签;
③ 右键单击测试脚本的开始或者结束事件,并单击 Open Script。
TestManager 会启动相应的脚本编辑工具并打开该测试脚本。

在细节标签中,右键单击测试日志窗口中的 Suite 开始事件,并单击 View Suite Log 命令,打开 Suite 日志。Suite 日志包含了 Suite 执行期间的信息,包括 Build、日志文件夹和日志名称等信息,以及有关 Suite 检查、编译测试脚本和关联于该 Suite 的警告或错误信息,与执行 Suite 时在 Messages 窗口中看到的信息是相同的。

打印 Suite 日志：在打开的 Suite 日志中，单击 File→Print。

2.6.2 缺陷的提交和修改

缺陷跟踪是软件测试工作中的重要部分，缺陷可能来自正在测试的应用程序新特征或者实际的 Bug。在 TestManager 中，测试脚本录制回放期间验证点失败的缺陷可以通过测试日志窗口提交。从测试日志窗口提交缺陷时，TestManager 并不实际启动 Rational ClearQuest，而是在 TestManager 中打开 ClearQuest 缺陷表，即 TestStudio 缺陷表，并用测试日志中的信息填充该表。如果测试脚本与一个测试输入关联，该测试输入信息也自动显示在缺陷表中。

从 TestManager 测试日志窗口中提交或者修改一个缺陷：
① 右键单击 Event Type 栏中的失败事件，单击 Submit Defect；
② 单击 Edit→Submit Defect。

提交缺陷时，TestManager 试图使用测试人员在 TestManager 中使用的用户名和密码连接 ClearQuest 数据库，如果不能连接，会出现 Login 对话框，提示测试人员输入 ClearQuest 用户名和密码，并选择想要提交缺陷的数据库。从测试日志窗口提交缺陷后，新的缺陷数量会显示在测试日志的 Defect 栏中。

也可以使用 RationalClearQuest 保存并提交缺陷，但需要测试人员手工填写缺陷信息。使用 RationalClearQuest 保存缺陷时，管理员必须首先设置 ClearQuest 图表，然后再创建或者附上 ClearQuest 用户数据库作为 Rational 项目的一部分。更多信息请参考 RationalClearQuest 帮助。

2.7 TestManager 使用案例

2.7.1 创建测试项目

创建 Project 项目的步骤如下：

（1）启动 Rational Administrator 软件，启动后在 File 菜单下选择 New Project 命令，新建 Rational 项目。需要选择 Rational 项目存储位置，且这个文件夹必须是空的，如图 2-29 所示。

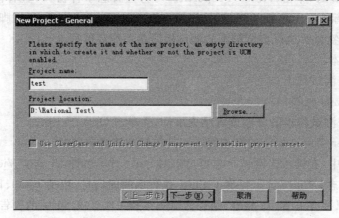

图 2-29 新建 Project

第2章 Rational TestManager 使用说明

若存储位置位于本机,如 D:\Rational Test\,Rational 项目只能供本机使用,TestManager 提示的消息如图 2-30 所示。如果利用网上邻居的网络文件夹,则内网所有人都可以使用该项目。

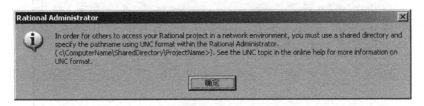

图 2-30 系统提示

(2) 设置 Project 项目管理密码,如图 2-31 所示。这个密码是 Rational 项目的创建者用来管理用户权限的,与 Robot 或者 TestManager 没关系。

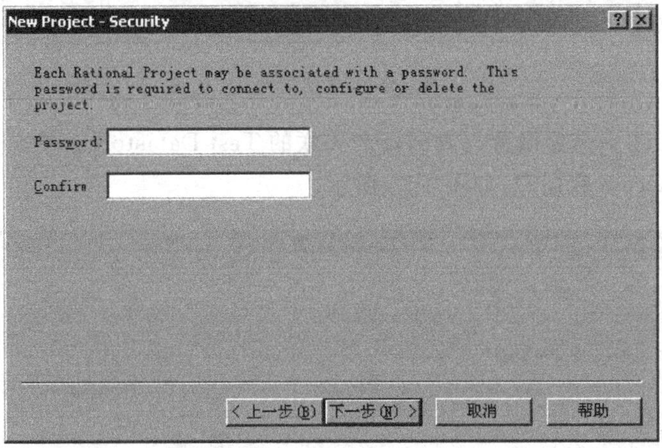

图 2-31 设置密码

(3) 确认 Rational 项目配置,如图 2-32 所示。

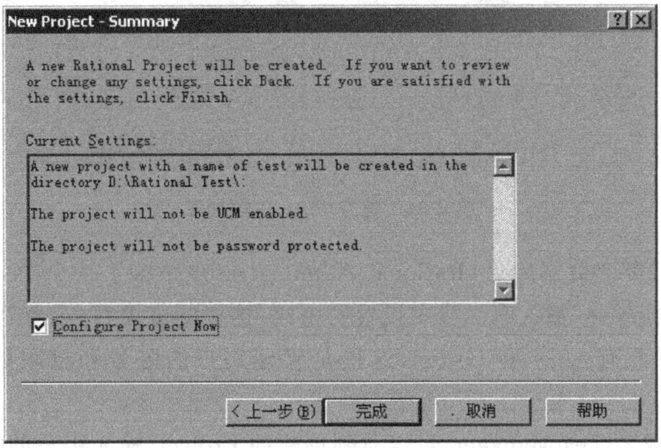

图 2-32 确认配置 Project

(4) 单击"完成"按钮，弹出如图 2-33 所示的项目配置对话框。

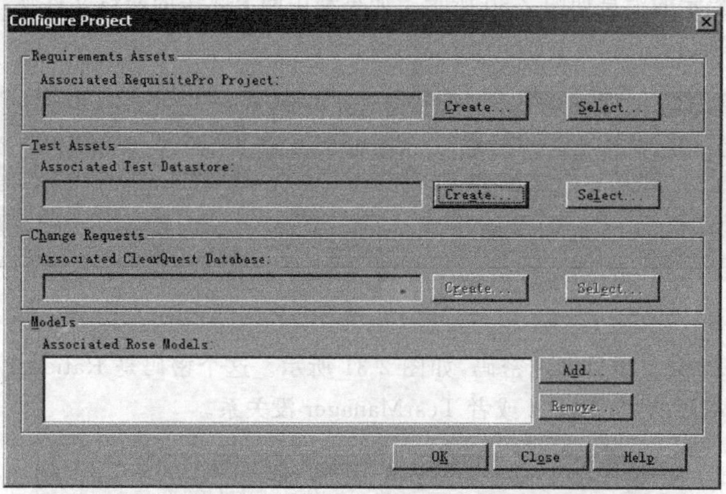

图 2-33　配置 Project

(5) 项目配置中只需要设置与测试资产关联的 Test Datastore。单击 Create 按钮，创建一个 Microsoft Access 数据库，如图 2-34 所示。

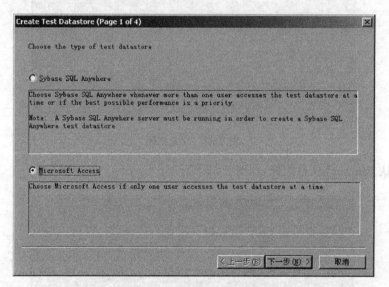

图 2-34　建立 Project 数据库

(6) 创建测试资产数据库后，Rational Administrator 中多了一个 Project，在该项目上单击右键，选择 Connect，输入第二步中设置的密码，连接测试项目，会看到 Test Datastore。Test Datastore 下面有 User 和 Group，这里是管理用户的账号和权限的地方，如图 2-35 所示。

打开 Robot 或者 TestManager，可以看到创建的 Project，输入用户的账号和密码，建立与 Rational 项目的连接。这里使用的账号密码是在 Rational Administrator 下针对这个Project 建立的，可用来创建用户，如图 2-36 所示。

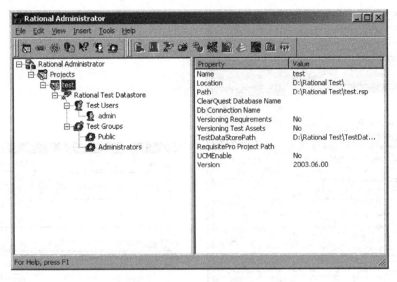

图 2-35 Project 建成示意图

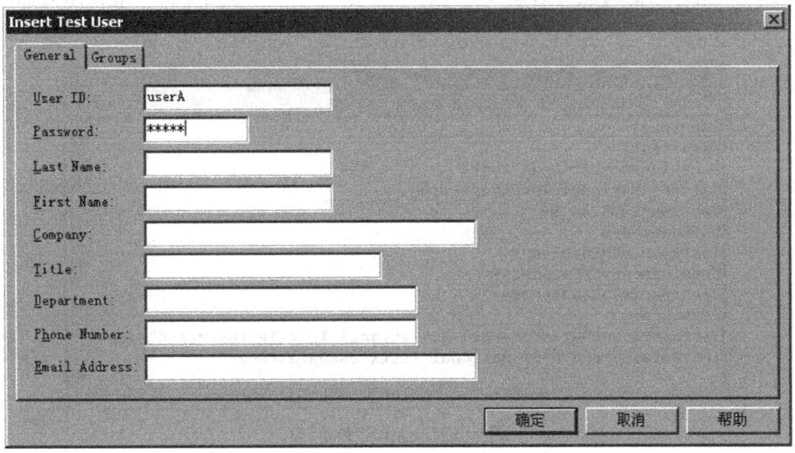

图 2-36 创建用户对话框

管理员使用 Rational Administrator 创建 Rational 项目时,由他们确定 Rational Test Datastore 的安全,并由他们创建测试用户,这些测试用户默认属于公共测试组(Public test group),测试用户获得该测试组的权限。管理员可以使用 Rational Administrator 来改变组权限或创建新组。

如图 2-37 所示为在 Rational Administrator 中设置测试用户组的属性对话框。

可以看出,不同的 Project 可能有不同的账号密码。

在包含这个 Project 的文件夹中,有一个 rsp 文件,该文件可以理解成一个地址,其中保存着与路径、访问权限等相关的一些信息,通过 rsp 文件中的地址可以访问该 Project 中的 Script、Datapool、Session、Suite、Log、VP(查证点)、user 等信息。rsp 文件可以用记事本打开,如图 2-39 所示。

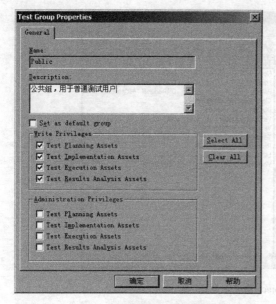

图 2-37　用户组的属性对话框

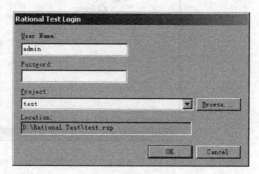

图 2-38　登录示意图

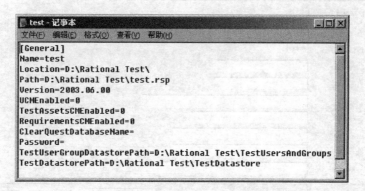

图 2-39　rsp 文件信息

建立一个内网共用的 Project 的步骤如下：

(1) 建立一个 Web 共享的空文件夹；

(2) 在 Rational Administrator 中新建测试项目，通过网上邻居指到上述文件夹（文件夹在本机上也可以，但是要通过网络邻居的方式指到该文件夹）；

(3) 输入密码，配置 Datastore，项目建立完成；

(4) 用 Rational Administrator 连接到测试项目，配置用户账号、密码，分配权限；

(5) 在任何一台内网的计算机上，打开 Robot，浏览刚建立的测试项目，输入上面的账号、密码，完成登录。

如果用 D:\Rational Test\ 这样的路径，项目组其他成员则不能通过网上邻居访问到该 Project。如果改成 UNC 路径则可以，方法如上。

复制 Project(测试项目)的方法：把整个文件夹复制过来，然后打开其中的 rsp 文件，把其中和 path 有关的字符串换成新文件夹的路径（本地或 UNC 都可以）。

Rational Administrator 含有注册功能,该功能主要针对多个管理员。其实用 Robot 或 TestManager 直接浏览 Project 所在目录,就相当于在 Rational Administrator 中注册了,再打开 Rational Administrator,会发现该项目已经注册。如果用 Rational Administrator 注册了 Project,在 Robot 或者 TestManage 中就可以直接通过下拉列表框访问该 Project。

2.7.2 创建 Suite

使用 Rational Administrator 创建测试项目后,启动 TestManager,使用用户名和密码登录该测试项目。

(1) 单击 File→New Suite,新建 Suite(Blank Functional Testing Suite),如图 2-40 所示。

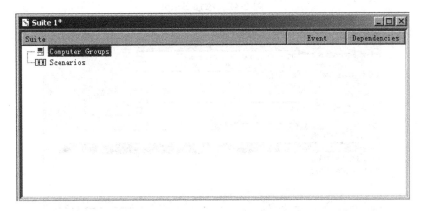

图 2-40 新建 Suite

(2) 在 Scenarios 条目上单击右键,在 Suite 中建立 Scenario,如图 2-41 所示。

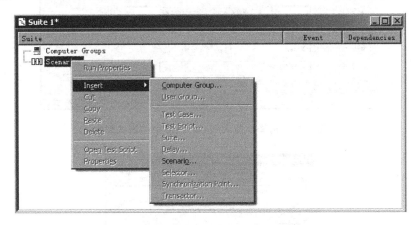

图 2-41 在 Suite 中建立 Scenario

(3) 在 Scenario 条目上单击右键,选择 Insert,往 Scenario 中添加 Script,如图 2-42 所示。

(4) 在弹出的对话框中选择要插入到 Scenario 中的测试脚本,如图 2-43 所示。

(5) 在 Computer Groups 条目中,单击右键,插入计算机组,作为测试用机。在弹出的对话框中,选择要加入的计算机,如图 2-44 所示。

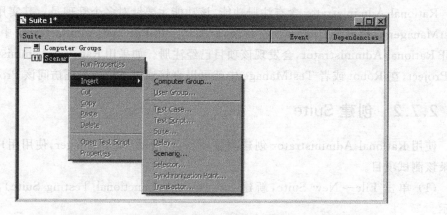

图 2-42 添加 Script

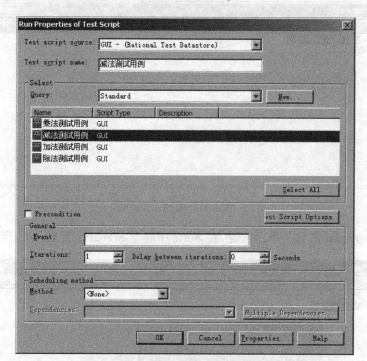

图 2-43 选择要插入到 Scenario 中的测试脚本

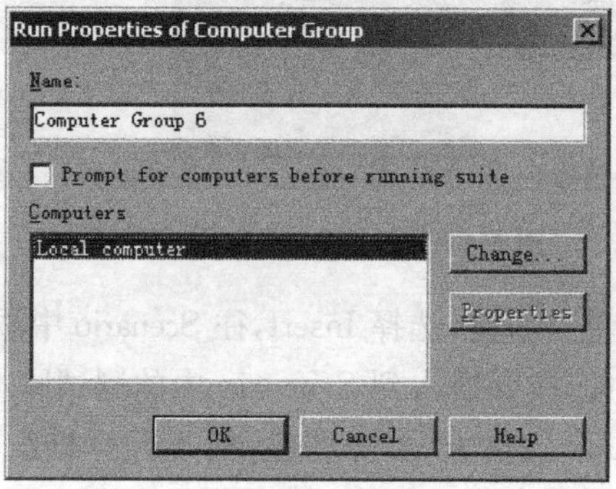

图 2-44 选择要加入的计算机

(6) 在计算机组中,插入 Scenario,如图 2-45 所示。

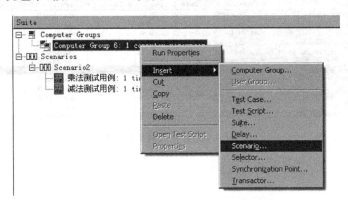

图 2-45　在计算机组中,插入 Scenario

(7) 在 File 菜单中,选择 Run Suite 命令,运行创建的 Suite,如图 2-46 所示。

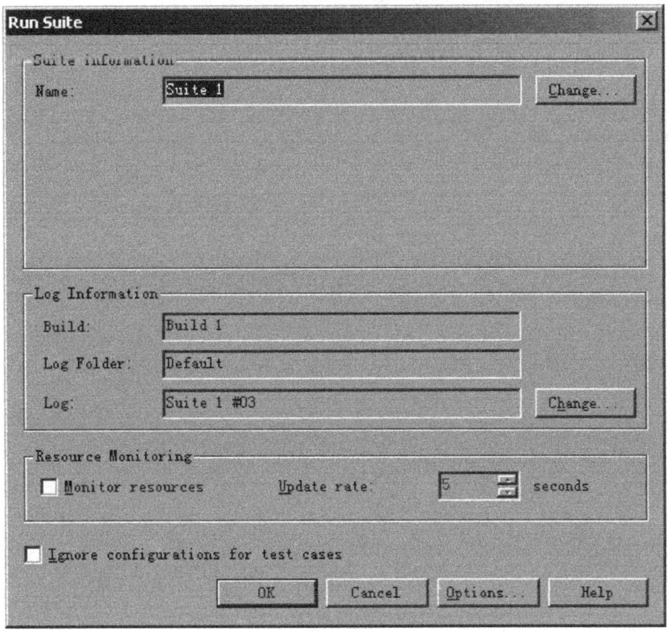

图 2-46　运行创建的 Suite

一般情况下,TestManager 以 Suite 为单位组织和运行测试脚本。根据测试工作的需要,可以使用 Senario 对 Suite 做进一步划分,Suite 中可以包含若干 Senario。Senario 中包含测试脚本,以 Senario 为单位把测试脚本分配到不同的 Computer Group 上运行。

每次运行的是一个 Suite,具体的脚本结构双击 Suite 可以看到。在 Suite 里面可以不添加之前建立的 Scenario 而直接添加脚本。对每个节点(如 Suite,Scenario,Group 等)单击右键,可以看到属性和可以插入的内容。

(8) Suite 运行结束后,在 TestManager 中可以看到详细的测试脚本的运行结果,如图 2-47 所示。

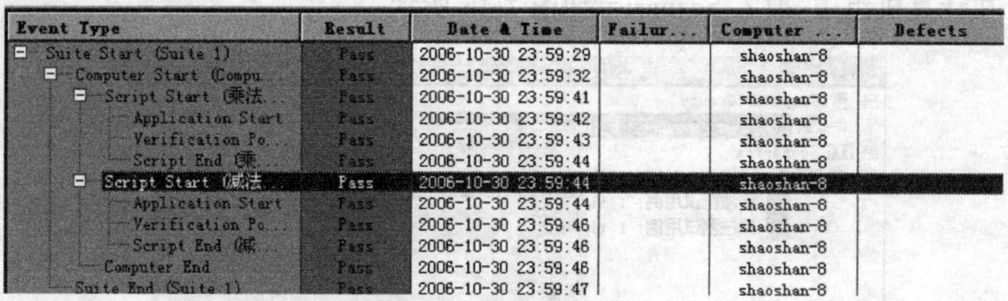

Event Type	Result	Date & Time	Failur...	Computer ...	Defects
Suite Start (Suite 1)	Pass	2006-10-30 23:59:29		shaoshan-8	
Computer Start (Compu...	Pass	2006-10-30 23:59:32		shaoshan-8	
Script Start (乘法...	Pass	2006-10-30 23:59:41		shaoshan-8	
Application Start	Pass	2006-10-30 23:59:42		shaoshan-8	
Verification Po...	Pass	2006-10-30 23:59:43		shaoshan-8	
Script End (乘...	Pass	2006-10-30 23:59:44		shaoshan-8	
Script Start (减法...	Pass	2006-10-30 23:59:44		shaoshan-8	
Application Start	Pass	2006-10-30 23:59:44		shaoshan-8	
Verification Po...	Pass	2006-10-30 23:59:46		shaoshan-8	
Script End (减...	Pass	2006-10-30 23:59:46		shaoshan-8	
Computer End	Pass	2006-10-30 23:59:46		shaoshan-8	
Suite End (Suite 1)	Pass	2006-10-30 23:59:47		shaoshan-8	

图 2-47 查看测试脚本的运行

第 3 章
Rational Purify 使用说明

3.1 Purify 概述

程序中出现的内存问题可能导致程序莫名其妙的停止、崩溃，或者不断消耗内存直至资源耗尽。程序代码中，与内存有关的问题可以分成两大类：内存访问错误和内存使用错误。

内存访问错误包括读内存错误和写内存错误。读内存错误可能让程序模块返回意想不到的结果，从而导致后续的程序模块运行异常。写内存错误指程序模块把数据写入了不正确的内存单元，从而可能导致系统崩溃。

内存使用错误主要是指程序模块申请的内存没有正确释放，系统可用内存逐渐减少，使程序运行逐渐减慢，直至停止。这方面的错误由于表现比较慢很难被人工察觉，程序可能运行很长时间才会耗尽内存资源，发生问题。

对于较小的程序，可以依靠人工核查代码的方法来检查程序中的内存问题。但是在一个软件项目中，当程序越来越复杂时，程序很难受程序员控制，一些使内存出现问题乃至导致应用程序崩溃的变量，非常不容易找到。这种情况下，只有依靠相关的工具软件检测代码中的内存问题。目前，已经有大量小型的工具软件可供选择，如 MallocDebug、Valgrind、Kcachegrind、BoundsCheck、ParaSoft、Insure++ 等等，本章介绍的是 IBM 公司的 Rational Purify，这是最专业最强大的内存检测工具。

Purify 使用具有专利的 OCI(Object Code Insertion，目标代码插入)技术，在被测试的目标程序中插入一些函数，这些函数主要是内存检测的语句。这些语句放置在程序代码中所有内存操作之前，一旦在程序运行时发现内存问题，它们就会报告问题信息。

Purify 主要检测以下类型的内存错误：数组内存是否越界读/写、是否使用了未初始化的内存、是否对已释放的内存进行读/写、是否对空指针进行读/写、内存泄漏等。Rational Purify 能自动找出错误的准确来源和位置，如果有源代码，可以从 Purify 中启动相应的编辑器，快速修复错误。Purify 可以从功能、可靠性和性能等多个方面反映应用程序的质量。例如，通过检测影响可靠性的内存错误，提高软件的质量，在进行功能测试的同时，对可靠性问题进行检测。

在大型软件产品中，即使检测出内存问题，离真正地解决它还有一定的距离，为了让这个"距离"不算太远，最好在功能模块完成时就进行 Purify 的内存检测。在模块合并和程序逻辑测试完成后，以及产品发布前，还要再做内存测试。

Purify 的特色有：

（1）提供了一套内存使用状况分析工具，自动找出 Visual C/C++ 和 Java 代码中与内存有关的错误，确保整个应用程序的质量和可靠性。

（2）Windows 应用程序中，可能使用非常多的 COM 方法和 Windows API 调用，存在内存访问错误的 COM 方法和 Windows API 调用，会导致应用程序运行不正常甚至崩溃。Purify 的 WinCheck 功能会检查应用程序每次 COM 方法和 Windows API 的调用，包括 GDI 句柄检查和 Windows 资源泄漏及错误指针的检查。

（3）Rational Purify 不但能检查可访问源代码的内存错误，还能检查程序库中无权访问的源代码错误。无论是否有权访问其源代码，Rational Purify 都能检查 Microsoft 构件的内存问题，包括 ActiveX 控件、COM/DCOM 构件、ODBC 构件、DLL、第三方构件以及 C++ 或 Java 构件等。

（4）使用 Purify 的 PowerCheck 功能可以定制错误检查规则，可以按模块调整所需的检查级别。选择"最小"级别可以快速查出常见的运行写入错误和 Windows API 错误，对于关键模块，"准确"级别用专业强度查找内存访问错误，这样开发人员就可以确定调试的优先级，把精力集中在最重要的代码检查上。

（5）Rational Purify 与 Microsoft Visual Studio 集成，程序员在开发工具中就可以获得 Purify 的自动调试以及源代码编辑功能。Purify 带有及时调试功能，当检测到错误时，Purify 自动停止编程并启动调试器。程序员还可以通过 Purify 工具栏，将 Purify 的调试器附加到正在运行的开发流程中，以缩短查找和修正错误的时间，减少程序员在开发过程中的思路中断。

3.2 Purify 具体功能描述

1. 可检查的错误类型

（1）堆阵相关错误（例如，未初始化内存的读取和复制错误，以及数组越界读写错误）。

（2）堆栈相关错误（例如，未初始化内存的读取和复制错误，以及堆栈越界读写错误）。

（3）垃圾内存收集（Java 代码中相关的内存管理问题）。

（4）COM 相关错误（例如，COM API/接口调用失败）。

（5）指针错误（例如，无效指针和空指针的读写错误）。

（6）内存使用错误（例如，释放内存的读写错误、内存泄漏和释放内存匹配错误）。

（7）Windows API 相关错误（例如，Windows API 函数参数错误和返回值错误）。

（8）句柄错误（例如，泄漏和句柄使用错误）。

2. 可检测的错误代码

（1）ActiveX(OLE/OCX)控件。

（2）COM 对象。

（3）ODBC 构件。

（4）Java 构件、applet、类文件、JAR 文件。

（5）Visual C/C++ 源代码。
（6）Visual Basic 应用程序内嵌的 Visual C/C++ 构件。
（7）第三方和系统 DLL。
（8）支持 com 调用的应用程序中的所有 Visual C/C++ 构件。

3．测试信息说明

（1）信息色彩，Purify 对源程序中有内存问题的代码使用不同的颜色标识。
红色：内存块没有被分配和初始化。
蓝色：内存块已经被分配并且已初始化。
黄色：内存块已经被分配但是没有初始化。
（2）名称缩写。
下面是可引起内存不可读或不可写的名称缩写。
Array Bounds Read (ABR)：数组越界读。
Beyond Stack Read (BSR)：堆栈越界读。
Free Memory Read (FMR)：空闲内存读。
Invalid Pointer Read (IPR)：非法指针读。
Null Pointer Read (NPR)：空指针读。
Uninitialized Memory Read (UMR)：未初始化内存读。

3.3 Purify 使用举例

被测试程序源代码如下，其中的内存错误在注释中已经给出。在 VC++ 中 Debug 模式下编译连接后生成 exp11.exe 文件，使用 Purify 检测该应用程序中与内存有关的代码错误。

```
#include <iostream>
using namespace std;
int main(){
    char*  str1 = "four";
    char*  str2 = new char[4];      //没考虑字符串终止符"\0"也要占内存空间,导致后面数组越界错误
    char*  str3 = str2;
    cout << str2 << endl;           //UMR,str2 没有赋值,对未初始化的内存读(Uninitialized Memory Read)
    strcpy(str2,str1);              //ABW,str2 空间不足,数组越界写(Array Bounds Write)
    cout << str2 << endl;           //ABR,str2 空间不足,数组越界读(Array Bounds Read)
    delete str2;
    str2[0] += 2;                   //FMR and FMW,对已经释放内存读以及对已经释放内存写
                                    (Free Memory Read、Free Memory Write)
    delete str3;                    //FFM,再次释放已经被释放的空间 (Free Freed Memory)
    return 0;
}
```

第一步：启动 Purify。Purify 主界面如图 3-1 所示。
第二步：在 Purify 中运行被测程序。

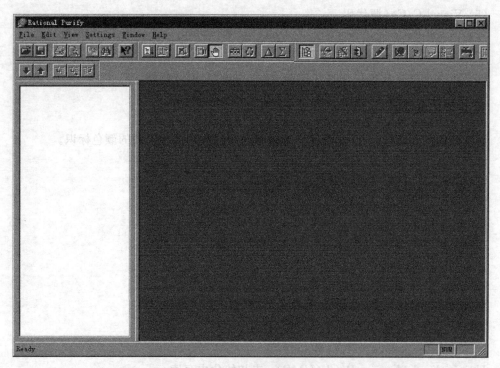

图 3-1　Purify 主界面

（1）选择 File 菜单中的 Run 命令后，出现如图 3-2 所示的 Run Program 对话框。

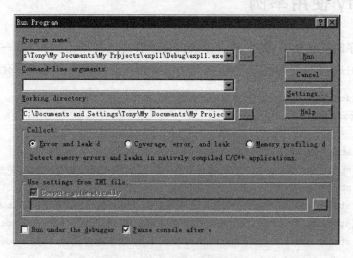

图 3-2　Run Program 对话框

（2）在 Program name 中选择被测对象 exp11.exe 后，单击 Run，运行程序。运行前选择工作目录，工作目录默认为被测程序所在的目录；如果被测程序有命令行参数，在 Command-line arguments 项中输入；在 Collect 项中选择要收集的信息类别；选择是否在调试器下运行。

（3）程序运行结束，出现 Purify 检测结果，如图 3-3 所示。

通过此窗口，可以看到在程序运行期间检测到的与内存有关的错误。

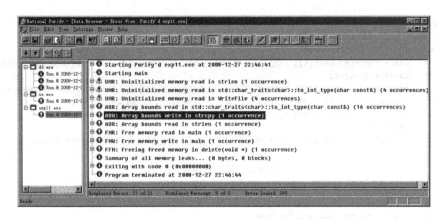

图 3-3 Purify 运行后的结果数据

第 3、4、5 行,黄色标注读未初始化内存(UMR);

第 6、8 行,红色标注数组越界导致内存不可读(ABR);

第 7 行,红色标注数组越界导致内存不可写(ABW);

第 9 行,红色标注对已经释放的内存读(FMR);

第 10 行,红色标注对已经释放的内存写(FMW);

第 11 行,红色标注再次释放已经释放的内存(FFM);

其他行,蓝色标注运行过程信息和测试摘要信息。

(4) 双击 Data Browser 窗口中的错误或提示前面的"＋"号,可以看到该错误的详细信息。如果被测程序包含源代码,则在该错误的详细信息中列出错误的代码行并解释造成错误的原因。例如,单击第 7 行前面的"＋"号,会展开如图 3-4 所示的错误说明。其中,ABW 指明了错误类型,Error location 指出错误在源代码中的位置,Allocation location 指出错误的内存分配位置。

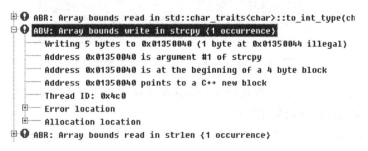

图 3-4 展开错误说明

继续单击 Error location 前面"＋"号后,再单击 main 前面的"＋"号,出现如图 3-5 所示的错误位置提示。

同理,单击 Allocation location 前面的"＋"号,展开错误的内存分配位置说明。

(5) 保存测试信息。在工作目录中生成一个.pfy 文件,其中保存了 DataBrowser 窗口中的数据,以便进行数据共享。

(6) 无论是否保存测试信息,都将在工作目录中生成一个文本文件,形成测试日志。

```
Error location
  strcpy        [strcat.asm:88]
  main          [exp11.cpp:14]
       char* str2=new char[4]; //没考虑字符串终止符"\0"也要占内存空间,导致后面数组越界错误
       char* str3=str2;
       cout<<str2<<endl; //UMR str2没有赋值,对未初始化的内存读(Uninitialized Memory Read)
    ▶  strcpy(str2,str1); //ABW str2空间不足,数组越界写(Array Bounds Write)
       cout<<str2<<endl; //ABR str2空间不足,数组越界读(Array Bounds Read)
       delete str2;
       str2[0]+=2; //FMR and FMW 对已经释放内存读以及对已经释放内存写(Free Memory
```

图 3-5　展开错误位置

3.4　Purify 主要参数设置

3.4.1　Settings 项中的 default setting

(1) Error and Leaks 标签。如图 3-6 所示,用于设置内存错误和泄漏参数。

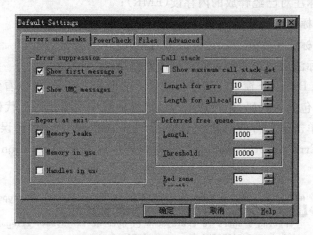

图 3-6　Rational Purify 错误与泄露参数设置

Show first message only：仅在相同的错误第一次出现时显示相关信息。不选择此项,会重复显示多次出现的相同类型错误。

Show UMC message：显示 UMC(Uninitialized Memory Copy)信息,默认情况下,Purify 不显示 UMC 信息。

Memory leaks：程序退出时报告内存泄漏信息。

Memory in use：程序退出时报告内存使用情况信息。

Handles in use：程序退出时报告句柄使用情况信息。

Show maximum call stack detail：显示最大调用堆栈信息。选择此项时,Purify 记录被测程序的所有函数调用(包括系统函数调用)的堆栈信息；不选择此项,Purify 只记录被测函数的调用堆栈信息。

Length for error：设置错误堆栈长度。Purify 使用"错误位置调用堆栈"技术来确定某

个错误信息是首次出现还是重复出现,设置一个大的错误堆栈长度,有利于提高 Purify 识别错误是首次出现还是重复出现的能力。

Length for allocation:通过设置 Purify 最大调用堆栈层数,确定与程序中发现的错误一致的内存分配位置。

Deferred free queue:延迟自由队列。被测程序释放的内存块不会真正被立即释放,而是先保存在延迟自由队列中,此项设置保留在延迟自由队列中内存块的数量。如果 Purify 检测到一个指向延迟自由队列的指针,就会显示一个 FMR(Free Memory Read)或者 FMW(Free Memory Write)消息。

Length:延迟自由队列长度。例如,Length 设置为 5,被测程序在释放第 6 块内存时,Purify 才会真正释放被测程序释放的第 1 块内存。根据 Purify 的工作原理,较大的延迟自由队列能够增加 Purify 发现 FMR 和 FMW 错误的机会。

Threshold:保留在延迟自由队列中内存块大小设置,超过该尺寸的内存块被立即释放,而不会保留在延迟自由队列中。

Red zone length:设置亏损区长度。被测程序运行时,Purify 在每个分配给被测程序的内存块首尾插入一定字节数的内存空间,此处设置插入字节数的大小。增加此数值有助于 Purify 捕获被测程序非法向不属于自己的内存区域写数据的错误。如果设置的字节数太大,由于需要更多的内存会导致程序运行变慢。

(2) PowerCheck 标签如图 3-7 所示,定制错误检查规则。

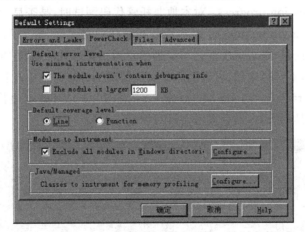

图 3-7　Rational Purify Power Check 标签

The module doesn't contain debugging info:检查不包含调试信息的模块。

The module is larger…KB:只检查大于……KB 的模块。

Default coverage level:对于同时进行的代码覆盖分析,此处设置覆盖级别,如"代码行"或"函数",以便更好地控制错误检查和数据覆盖。

Line:覆盖级别为代码行。

Function:覆盖级别为函数。

Exclude all modules in Windows directory:排除所有 Windows 目录下的模块。

(3) Files 标签:设置相关文件的路径及填写附加信息。

(4) Advanced 标签如图 3-8 所示。

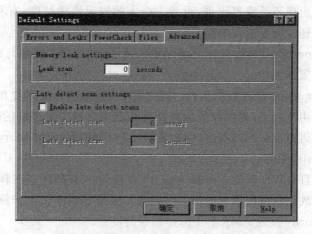

图 3-8　Rational Purify Advanced 标签

Leak scan interval：被测程序发生内存泄漏后，设置 Purify 报告内存泄漏信息等待的时间。如果设置为 0，Purify 仅在被测程序退出时一次性报告所有内存泄漏信息。

3.4.2　Settings 项中的 Preferences

（1）Runs 标签（如图 3-9 所示）

Show instrumention progress：对本地非托管代码测试时，是否显示检测对话框。

Show instrumention warnings：对本地非托管代码测试时，在不同的程序文件中多次检测到相同的警告信息，是否每次都显示警告信息对话框。如果希望 Purify 在发现警告信息后能够持续检测，不选择此项，可以随后在属性窗口的日志标签中查看此类警告信息。

Show LoadLibrary instrumention progress：对 VC++、VB 等本地代码进行测试，当工具文件需要调用工具列表时，是否显示工具对话框。

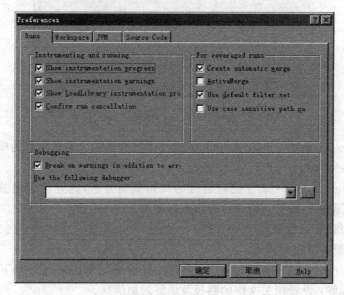

图 3-9　Preferences 中的 Runs 标签

Confirm run concellation：单击 File 菜单下 Cancel Run 命令或者单击 ⊠ 按钮中途取消运行时，是否每次都显示确认消息。

Create automatic merge：创建自动合并。

Use defaule filter set：下次运行本地非托管代码，是否使用当前的过滤器设置。

Use case sensitive path name：设置 Purify 对路径名是否区分大小写。

Break on warnings in addition to error：测试本地非托管代码时，选择此项，无论错误还是警告出现，Purify 都会中断并启动查错工具；不选择此项，仅仅错误出现时 Purify 才会中断并启动查错工具，同时，启动 Use the following debugger 中用户指定的调试器调试错误代码，如果没有指定调试器，则使用系统中注册的调试器。

注意：Purify 不支持 Visual Studio.NET 作为本地非托管代码的调试器。

Use the following debugger：设置用户指定的调试器。

（2）Workspace 标签（如图 3-10 所示）

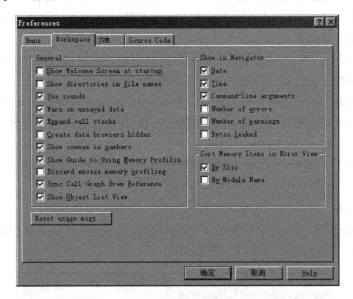

图 3-10　Preferences 中的 Workspace 标签

Show Welcome Screen at startup：独立启动 Purify 软件时，每次显示欢迎窗口。Purify 与 Visual Studio 集成使用时，不管此处如何设置，都不显示欢迎窗口。

Show directories in file names：在输出窗口显示文件名时，是否同时显示该文件的路径。

Usesounds：出现下列事件时，是否播放提示音：错误、警告、欢迎屏幕、检测开始、检测结束、程序开始、程序结束。

Warn on unsaved data：关闭或退出一个没有保存测试数据的程序时，是否显示警告消息对话框。

Expand call stacks：选择此项后，用户单击错误窗口中的"＋"图标查看错误时，Purify 自动扩展其中的每个函数调用分支，其中不包含源代码。

Create data browsers hidden：选择此项，Purify 创建数据浏览窗口时，并不显示该浏览窗口。如果是打开一个已经存在的数据文件（＊.pfy，＊.pcy，＊.cfy，＊.pmy）或者在窗口菜单中创建一个新窗口,此项不起作用。

Show commas in numbers:在数字显示中是否使用逗号作为分隔符。

Show Guide to Using Memory Profiling:运行 Purify 的内存概要分析程序时,显示 Guide to Using Memory Profiling in Purify 向导,该向导包含了一些简单指令和相关信息,以协助用户更好更快地启动该功能。

Discard excess memory profiling:Purify 自动丢弃在浏览窗口中显示的集成运行数据,程序运行结束后,仅显示快照和差异比较条目。如果运行期间没有产生快照,所有的运行数据都会被丢弃;如果选择让 Purify 保持集成的运行数据,每次运行的数据集会出现在浏览窗口的运行条目中,紧随其后的是快照和差异比较条目。

注意:在浏览器窗口,运行、快照和差异比较条目代表一个独立的数据集,Purify 把这些数据集保存在内存中,直到用户关闭或退出 Purify 的运行。用户可以让 Purify 自动丢弃不需要的运行数据集保持 Purify 内存。

Sync Call Graph from Rreference:函数调用曲线图中选择的方法与对象参考曲线图中选择的对象是否自动同步。

Show Object List View:显示数据浏览器窗口中的对象列表视图。对象列表视图显示了内存概要分析程序运行期间分配的方法对象的详细信息。

Show in Navigator:选择程序运行期间在 Navigator 窗口中要显示的信息,如日期、时间、错误数量、检测到的警告信息、内存泄漏的字节数、用户指定的命令行参数等。

Sort Memory Items in Error View:选择 Purify 消息在错误视图中的排列次序。消息可以按照泄漏的字节数排列(降序),也可以按照模块名称排列(升序),如果两者都选择,先按照模块名排序,相同的模块名按泄漏的字节数排序。

(3) JVM 标签

测试 Java 程序时,用户在该标签中选择 Java 虚拟机,个性化 Java 虚拟机。

(4) Source Code 标签(如图 3-11 所示)

图 3-11　Preferences 中的 Source Code 标签

Show C++ class names：错误视图中显示的 C++ 函数名同时包含类名。
Show C++ argument lists：错误视图中显示的 C++ 函数名包含参数列表。
Confirm recently changed source：Purify 在检测到源文件改变后，是否显示消息。
Show instruction pointers：在错误视图中是否显示调用堆栈条目的指令地址。例如：如果显示指令地址，会有类似下列的输出：CStockApp::CStockApp(void)[Stock.cpp:155 ip=0x0040dd11]；如果不显示指令地址，则会显示如下：

CStockApp::CStockApp(void)[Stock.cpp:155]

Show instruction pointers offset：在错误视图中是否显示函数指令地址的相对偏移量。例如，如果显示指令地址偏移量，则有类似下列的显示：

CStockApp::CStockApp(void)+0x171[Stock.cpp:155];

如果不显示指令地址偏移量，则会显示如下：

CStockApp::CStockApp(void)[Stock.cpp:155]

Spaces per：显示源代码时，Purify 使用几个空格表示 Tab 字符。
Lines of source：在含有错误的代码行之前以及之后，突出几行用以显示源代码（包括空白行）。
Use Microsoft Visual Studio editor：使用微软的 Visual Studio 编辑器查看源代码。
Use Purify source viewer：使用 Purify 的查看器查看源代码。
Use the following editor：用户自己设置一个查看源代码的编辑器。

3.4.3 View 当中的 Create Filter

设置如何在 View 视图中创建过滤器。

（1）General 标签。该标签定义过滤器的名称及注释、设置过滤器是否可用、显示过滤器的最后使用时间以及显示过滤器包含信息，如图 3-12 所示。

（2）Messages 标签。该标签用来设置过滤器中显示的消息种类，如图 3-13 所示。

图 3-12　New Filter 中的 General 标签

图 3-13　New Filter 中的 Messages 标签

All error messages：所有错误信息。
All informational messages：所有报告信息。

All warning messages：所有警告信息。
Allocations & deallocation：是否过滤内存分配和回收信息。
Dll messages：动态连接库信息。
Invalid handle：非法句柄。
Invalid pointer：非法指针。
Memory leaks：内存泄露。
Parameter error：参数错误。
Stack error：堆栈错误。
Unhandled exception：未处理的例外。
Uninitialized Memory Read（UMR）：未初始化内存读。

可直接在 Messages 栏选择需要的信息，也可在 Categorie 栏按种类选择所需要的信息。

(3) Source 标签如图 3-14 所示。

The messages this filter affects Function：本过滤器所影响的函数。

Match if function is top function in call：函数名匹配时，是否只使用错误位置堆栈中的第一个函数。

Match if function occurs anywhere in call：函数名匹配时，是否搜索错误位置的调用堆栈。

Match if function's offset from the top in the call：函数名匹配时，在下面设置调用堆栈的位置范围。

Source file：在下列指定的源文件中生成过滤器消息。如果不指定源文件，Purify 会在每个源文件中生成过滤器消息。

Module file：在下列指定的模块中生成过滤器消息。如果不指定模块，Purify 会在每个模块中生成过滤器消息。

(4) Advanced 标签如图 3-15 所示。

Hide messages that match this filter(default)：当消息匹配此过滤器时隐含消息。

Hide messages that do not match this filter：当消息不匹配此过滤器时隐含消息。

图 3-14　New Filter 中的 Source 标签

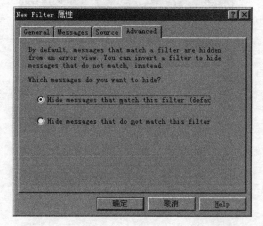

图 3-15　New Filter 中的 Advanced 标签

第4章 Rational Quantify 使用说明

4.1 Quantify 概述

Rational Quantify 是用于检测和分析应用程序性能瓶颈的工具软件，它面向 VC、VB 或者 Java 开发的应用程序，通过检测程序代码行或函数的执行时间，分析影响程序执行速度(性能)的关键部分，并提供参数分析表等直观表格，帮助测试和开发人员分析影响程序执行速度的性能瓶颈。

同 Purify 一样，Quantify 使用了具有专利的"目标代码插入"技术，在被测试的目标代码中自动插入检测代码，检查目标程序代码的执行时间，以分析应用程序的性能瓶颈。因为 Quantify 针对应用程序的目标代码进行检测，不需要特殊的工作版本或源代码就能工作，因此，不必为了配合性能测试而更改开发人员原先建立的开发流程。

Quantify 的特色：

(1) 可以按多种级别(包括代码行级和函数级)测定性能，并分析性能改进所需要的信息，使开发人员能够核实程序性能相对代码改进之前是否有所提高。

(2) PowerTune 功能控制数据收集的速度和准确性。开发人员可以按模块调整 Quantify 收集信息的级别：对于应用程序中重要的模块，收集详细信息，对于不太重要的模块，简化数据收集以加快数据记录的速度。使用"运行控制工具栏"，可以实时控制性能数据的收集，既可以记录应用程序在整个运行过程中的性能数据，也可以只记录程序执行过程中开发人员最感兴趣的某些阶段的性能数据。

(3) 通过 Quantify 提供的各种数据图表窗口(如函数关系窗口、函数列表窗口、功能列表详细窗口、运行摘要窗口等)，开发人员可以直接识别应用程序的性能瓶颈。用户只要单击鼠标，Quantify 就能描绘出整个应用程序或某个特定部分的性能曲线，帮助开发人员得到性能改进的详细信息。

(4) 聚焦和过滤器功能使开发人员能够完全控制性能测试数据的显示和组织方式，帮助开发人员有选择地显示最能从性能调整中获益的那部分程序模块。开发人员通过函数级别甚至是逐行的性能数据，进一步挖掘产生性能瓶颈的深层原因。过滤器可以让开发人员集中于最感兴趣的应用程序部分，避开无关的信息，以易于识别性能瓶颈。

(5) Quantify 的"线程分析器"能对每个线程采样并显示其状态。一般情况下，弄清在任何特定时刻每个线程正在执行的任务是很困难的，而 Quantify 以一种易于理解的图形方式做到了这一点。

（6）Quantify 可在功能测试和批处理的同时，用曲线描绘性能问题，从而能够弥补质量测试的不足。

（7）Diff 功能使开发人员可以用图形方式比较两次运行的执行时间，以测定代码更改产生的影响是正面的还是负面的，帮助开发人员核实所做的代码更改是否正确。

（8）Merge 功能协助开发人员总结任意多次运行和任意多个应用程序产生的性能数据，以帮助开发人员调整特定程序构件，达到可执行文件或程序执行的最佳整体性能。

4.2　Quantify 功能特点

Quantify 的功能特点有：对当前开发环境的影响达到最小化；提供树型关系函数调用图，及时反映影响性能的关键数据；功能列表详细窗口可显示大量与性能有关的数据；精确记录源程序执行的指令数，正确反映时间数据，在函数调用中正确传递这些记录，使关键路径一目了然；通过控制所收集到的数据，通过过滤器显示重要的程序执行过程。

4.3　Quantify 使用举例

程序源代码如下，在 VC++ 中 Debug 模式下编译为 sortApp.exe 可执行文件。

```
#include<iostream>
using namespace std;
const int N=3;
void print(int A[N][N])
{    for (int i=0;i<N;i++)
     {        for(int j=0;j<N;j++)
                  cout<<A[i][j]<<" ";
              cout<<endl;
     }
}

void sort (int iArray[N][N])
{    cout<<"排序前的数组为："<<endl;
     print(iArray);
     int *p=iArray[0], *q,temp;
     for(;p<=iArray[0]+N*N-2;p++)
            for(q=p+1;q<=iArray[0]+N*N-1;q++)
                  if( *p> *q)
                        {temp= *p; *p= *q; *q=temp; }
     cout<<"排序后的数组为："<<endl;
     print(iArray);
}

int main(int argc, char * argv[])
{    int A[N][N];
     int i,j;
     cout<<"请输入"<<N*N<<"个整数："<<endl;
```

```
    for (i = 0;i < N;i++)
        for(j = 0;j < N;j++)
            cin >> A[i][j];
sort(A);
return 0;
}
```

第一步：启动 Rational Quantify 软件，如图 4-1 所示为 Quantify 软件运行主界面。

图 4-1 Rational Quantify 主界面

第二步，运行 VC++程序段

(1) 在 File 菜单中选择 Run 命令，出现如图 4-2 所示窗口。

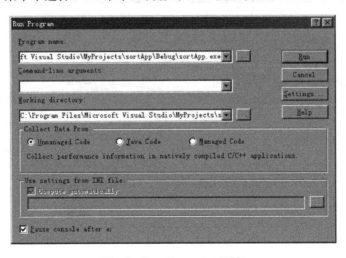

图 4-2 Run Program 对话框

(2) 在 Program name 中选择要测试的程序，单击 Run 按钮运行指定程序。程序运行窗口如图 4-3 所示。

程序运行时，输入：

图 4-3 程序运行窗口

8↙3↙0↙1↙6↙2↙7↙5↙4↙（"↙"表示回车）

（3）按照程序功能，在该窗口中输入程序运行数据，Quantify 会自动检测程序执行速度。

① 程序执行结束之后，进入函数关系图窗口，如图 4-4 所示。该窗口以树型结构反映了函数之间的调用关系，绿色粗线条高亮显示为关键路径。Highlight 中的标签可以按显示内容的不同，在树型图上标识出不同的路径。对照源代码，树型图中显示 main() 函数调用 sort() 函数，sort() 函数调用 print() 函数，以及其他的系统函数调用关系。

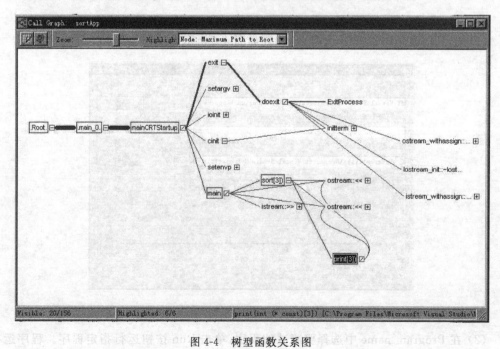

图 4-4 树型函数关系图

② 单击工具栏上 ▦ Function List 按钮，显示如图 4-5 所示函数列表窗口。

函数列表窗口（Function list window）详细描述了程序执行过程中涉及到的函数和函

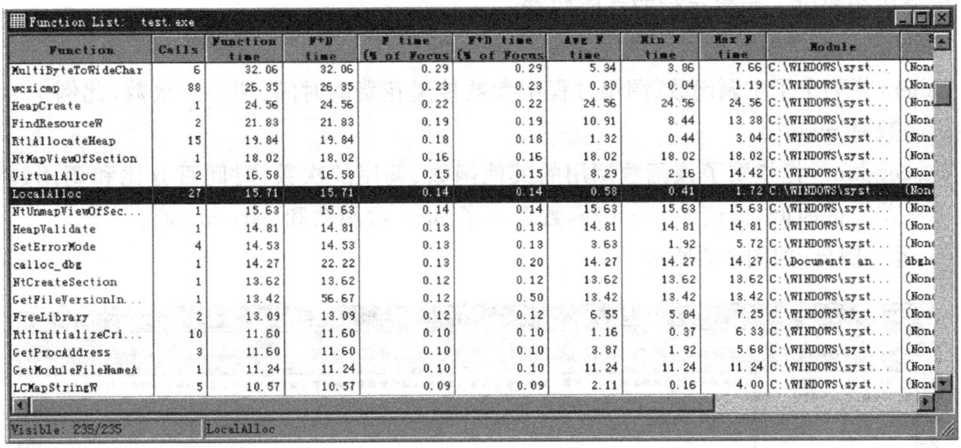

第4章 Rational Quantify 使用说明

图 4-5 Function List 窗口

数执行成功后所有相关性能的参数指标。

Function：函数、源文件或模块名。

F＋D time：Function time ＋ Debug time，即函数的执行时间加调试时间。

Calls：函数被调用次数。

Function time：在设置默认值的基础上，执行一个函数所花费的时间总数，并且分类按降序排列（默认的是降序，也可按需要随意排列）。

函数列表窗口列出的其他数据还包括：函数运行占用时间百分比，同一函数多次被调用的平均执行时间、最大执行时间和最小执行时间，可执行代码所在模块，函数源代码所在文件等。

双击一个函数，会出现具体的函数性能分析图解，如双击 sort()函数的显示如图 4-6 所示。

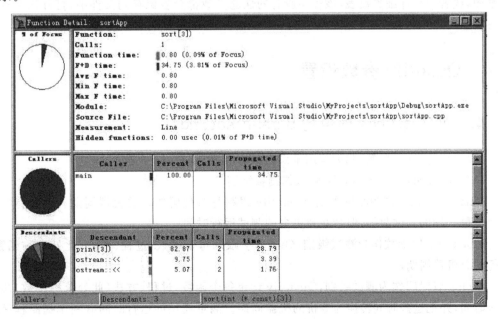

图 4-6 函数性能分析图

此分析图提供了函数运行的性能数据。

％ of Focus 栏的数据同函数列表窗口的数据；

Callers 栏列出了主调函数、调用过程中参数传递花费的时间、调用的次数，此例中 sort() 的主调函数是 main()；

Descendants 栏指明了该函数调用的其他函数、调用的次数、时间百分比和调用过程中参数传递花费的时间，此例中 sort() 函数调用了 print() 函数和 ostream 流。

③ 运行摘要，如图 4-7 所示。

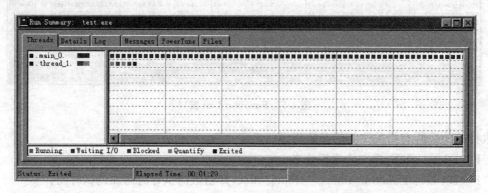

图 4-7 摘要图

在工具栏中单击 Run Summary 可以显示出摘要图，利用此图可以监视程序运行过程中每个线程的状态。Running：运行中；Waiting I/O：等待输入/输出；Blocked：已锁定；Quantify：量化；Exited：已退出。

④ 保存信息：将程序性能分析结果以文件形式保存在计算机中，方便以后查看，文件扩展名为 * .qfy。在 File 菜单中选择 Open 命令，选择文件存放目录即可打开已有的 .qfy 文件，查看已经执行过的程序性能分析数据。在 Quantify 窗口中，只需保存一个树型函数关系图，或者一个详细参数表，该程序所有的性能参数都会被保存到文件中，打开该文件时所有参数窗口都将被打开。

4.4 Quantify 参数设置

4.4.1 Settings 项中的 default settings

(1) PowerTune 标签，此标签用来设置测试的级别，如图 4-8 所示。

Default measurement level：默认的测量级别。

Line：以代码行作为测试级别，Quantify 跟踪每行代码执行的机器周期。代码行级别能提供最详细的测试数据，但会花费更多的测试运行时间。

Function：以函数作为测试级别，Quantify 跟踪每个函数、过程、方法（此处统称函数）执行的总机器周期。

Time：以时间作为测试级别，Quantify 记录每个函数、过程、方法（此处统称函数）总的执行时间，并把这些时间转换为等价的机器周期。测量模块的运行时间有利于提高程序的

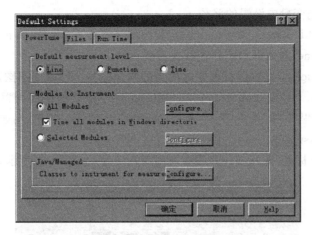

图 4-8　PowerTune 参数设置

执行速度。对于当前的程序运行来说,数据是精确的,但是程序运行时间会受到当前处理器和内存状态的影响,因此每次测量的结果会不一致。

(2) Files 标签,设置文件默认存放位置,如图 4-9 所示。

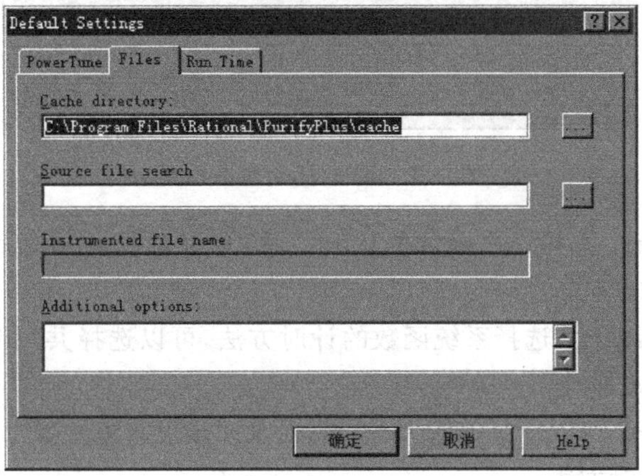

图 4-9　Files 参数设置

Cache directory:对本地非托管代码测试时,Quantify 用于缓存测试文件的目录。每次运行程序,重新测试一个新文件或更新文件时,Quantify 都检查缓存目录。Quantify 只测试那些时间戳过期或者测试类型改变的缓冲文件,以避免同一个文件被多次测试。

Source file search:在注释源代码窗口中显示的源文件搜索路径。可以指定多个路径,之间用分号";"隔开。

Quantify 使用下列搜索顺序定位源文件:

① 当前被测程序所处的路径;

② Setting 窗口的 Files 标签中为 exename 对话框指定的路径;

③ 对于 Visual C++ 程序,在 Visual Studio 工作区文件中指定的路径;

④ Default Settings 对话框的 Files 标签中指定的路径;

⑤ 对于 Visual C++ 程序,MFC 和 Visual C++ 所处的路径;

⑥ PATH 环境变量中设置的路径。

Instrumented file name：对于一个给定程序的测试版本，在 Settings 的 Files 标签中为执行文件名（exename）对话框指定路径和文件名。

Additional options：设置运行程序时用到的附加标签。可以使用图形界面设置附加标签，也可以使用 Rational Software Technical Support 中建议的格式设置附加标签。例如：一个程序执行过程中错误出现时允许对话框出现，可以输入如下的附加标签：/AllowDialogOnAssert。

（3）Run Time 标签，此标签用来设置测试计时方法，如图 4-10 所示。

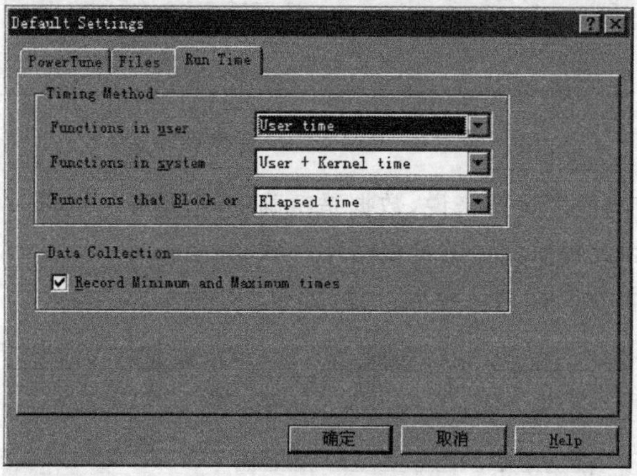

图 4-10 Run Time 参数设置

Functions in user：选择用户函数的计时方法，可以选择共用时间、过滤时间、实际时间，也可选择忽略该时间。

Funcrions in system：选择系统函数的计时方法，可以选择共用时间、过滤时间、实际时间，也可选择忽略该时间。

Functions that Block or：等待输入/输出，对象同步引起阻塞所花费时间的计时方法。

可以选择如下计时方法：

Elapsed time：所有因为操作需要等待的时间，包括等待输入/输出、对象同步、定时器、调度等其他延迟。

Kernel time：线程在内核模式下运行花费的时间。

User + Kernel time：线程代码执行时间，不包括设备等待或者服务其他进程的时间。

User time：线程在用户模式下运行花费的时间。

Ignore：Quantify 将记录的时间设置为 0。

Data Collection：数据收集，选择该选项后系统将记录函数运行最大时间和最小时间。

4.4.2 Settings 项中的 Preferences

（1）Runs 标签（如图 4-11 所示）：

Show instrumentation progress：选择此项，对本地非托管代码测试时，显示检测对话框。

Show instrumentation warnings：选择此项，对本地非托管代码测试时，在不同的程序文

第4章　Rational Quantify 使用说明　　79

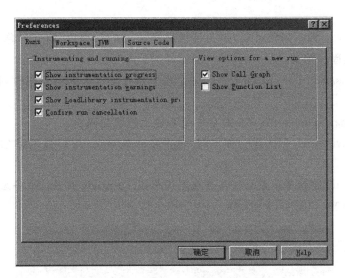

图 4-11　Preferences 中的 Runs 标签

件中多次检测到相同警告信息,每次都显示警告信息对话框。

　　Show LoadLibrary instrumention progress：如果不选此功能,运行后源文件列表为 none。

　　Confirm run concellation：每当单击 File 菜单下 Cancel Run 命令或者单击按钮取消被测程序的运行时,显示确认消息。

　　Show Call Graph：退出被测程序或者对当前数据快照时,在调用曲线图窗口显示数据。

　　Show Function List：退出被测程序或者对当前数据快照时,在函数列表窗口显示数据。

（2）Workspace 标签（如图 4-12 所示）：

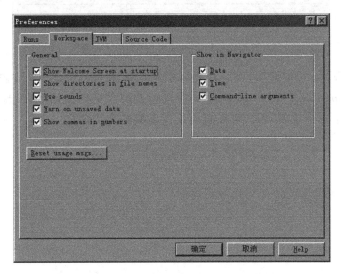

图 4-12　Preferences 中的 Workspace 标签

　　Show Welcome Screen at startup：独立启动 Quantify 软件时,是否每次都显示欢迎窗口。Quantify 与 Visual Studio 集成使用时,不管此处如何设置,都不显示欢迎窗口。

　　Show directories in file names：在输出窗口显示文件名时,是否同时显示该文件所处的路径。

Use sounds：出现下列事件时，是否播放提示音：错误、警告、欢迎屏幕、检测开始、检测结束、程序开始、程序结束。

Warn on unsaved data：关闭或退出一个没有保存测试数据的程序时，是否显示警告消息对话框。

Show commas in numbers：在数字中是否显示逗号分隔符。

Show in Navigator：每次运行程序时，是否在 Navigator 窗口显示诸如日期、时间或命令行参数。

注意：Quantify 自动将参数文件保存在默认路径（quantigfy 目录），文件名为 Quantify.ini。

（3）JVM 标签（如图 4-13 所示）。

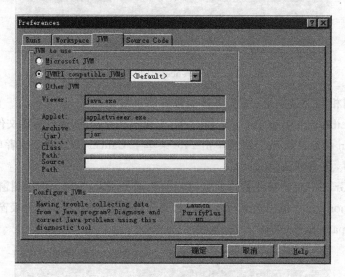

图 4-13　Preferences 中的 JVM 标签

Microsoft JVM：选中该项，在运行 Java 代码时使用 Microsoft JVM 虚拟机。

JVMPI compatible JVMs：选中该项，在运行 Java 代码时使用 SUN 虚拟机。

Other JVM：选中该项，用户可以自由设置虚拟机及其参数。

第5章 Rational PureCoverage 使用说明

5.1 功能简介

Rational PureCoverage 面向 VC、VB 或者 Java 开发的应用程序,自动找出程序中未经测试的代码,对测试工作进行评价。通过对测试覆盖程度的自动化检测,PureCoverage 使开发人员在测试过程中轻松快速地找出冗余代码和未经测试的部分,从开始阶段就可以保证所有代码都经过测试,找出错误并及时修正,使质量保证人员能够评价测试工作的效果,确保开发质量。在质量控制过程中,使用 PureCoverage 可以在每一个测试阶段产生详尽的测试覆盖程度报告,使开发团队更快更好地发布软件。

PureCoverage 同样使用了具有专利的"目标代码插入"技术,在被测试应用程序目标代码中插入检测代码,检测在测试过程中,哪些代码已被执行,哪些代码未被执行。

PureCoverage 主要特色:

(1) 深入到构件级别进行检测,如第三方控件或系统 DLL 等,不管这些构件是否有源代码,PureCoverage 都能将所有构件中未经测试的代码提取出来。

(2) PureCoverage 功能使测试人员可以逐模块选择代码覆盖级别,对于最关心或最重要的功能模块,详细收集覆盖数据,而对于不太重要的模块,只收集较常规的覆盖数据。

(3) 通过与 Microsoft Visual Studio 相集成,使开发人员在日常开发环境中能够快速访问 PureCoverage 的数据收集功能。PureCoverage 提供了在开发环境中易于使用的概览视图,使开发人员的工作效率更高。

(4) 通过与测试管理工具集成,PureCoverage 能监控测试用例对代码的覆盖情况,对测试用例的有效性提供反馈,确保被测应用程序每一处修改都进行了测试。

(5) 收集基于每行代码的详细覆盖数据,并以模块和文件为基础进行显示,精确检测每行代码被执行的次数,或该代码是否被执行。

5.2 PureCoverage 具体功能描述

PureCoverage 的具体功能有:即时代码测试百分比显示;未测试和测试不完整的函数、过程或者方法的状态表示;在源代码中定位未测试的代码行;为执行效率最大化定制数据采集;为所需要的焦点细节定制显示方式;合成一个程序多个执行的数据覆盖度;与其他团队成员共享覆盖数据或者产生报表;在开发环境中集成使用 PureCoverage,检测代码覆盖程度。

另外，还可以对 PureCoverage 的测试覆盖信息进行分类和统计，如按模块或文件显示、按函数显示、按源代码逐行显示等。

按模块或文件显示：Coverage Browse 功能针对可执行文件的每次运行按模块或文件显示覆盖统计信息。

按函数显示：Function List 功能逐项列出程序运行过程中调用的所有函数，允许测试人员按调用次数或函数名的字母顺序对函数进行排序。

逐行显示：Annotated Source 窗口利用已有的源代码逐行显示覆盖信息。这些信息，有助于测试人员了解函数中哪些代码行已被测试或哪些尚未测试。源代码行上使用不同的颜色表示不同的覆盖信息，即时显示程序中已测试、未测试、部分测试或无法到达的代码，从而节省测试人员的分析时间。

Hit lines(蓝色)：已测试的代码行。

Missed lines(红色)：尚未测试的代码行。

Partially hit multi－block lines(粉色)：仅测试过代码块中的部分代码行。

Dead lines(灰色)：测试无法到达的代码。

Summaries(绿色)：函数、过程或方法的覆盖数据摘要。

自动对比测试结果以评估进度：Rational PureCoverage 的 Merge and Diff(归并和比较)功能，允许测试人员归并和比较同一可执行代码的多次运行所生成的覆盖数据，并生成覆盖数据的总计视图，从而可以快速评估测试运行参数并确保所有代码都已执行和测试。

Coverage Browser 中的覆盖数据可以按 Microsoft Excel 格式或文本格式导出，非常方便数据共享或将其保存，便于以后比较两次运行结果的不同，同时，也有助于开发团队对测试进行验证。

5.3 PureCoverage 使用举例

以下为被测程序的源代码，Debug 模式下 VC++编译后生成 sortApp. exe 可执行文件。

```
#include<iostream>
Using namespace std;
const int N=3;
void print(int A[N][N])
{    for (int i=0;i<N;i++)
     {    for(int j=0;j<N;j++)
               cout<<A[i][j]<<" ";
          cout<<endl;
     }
}

void sort (int iArray[N][N])
{    cout<<"排序前的数组为："<<endl;
     print(iArray);
     int *p=iArray[0],*q,temp;
     for(;p<=iArray[0]+N*N-2;p++)
```

```
            for(q = p + 1;q <= iArray[0] + N * N - 1;q++)
                if( * p > * q)
                    {temp = * p; * p = * q; * q = temp; }
    cout <<"排序后的数组为: "<< endl;
    print(iArray);
}

int main(int argc, char * argv[ ])
{   int A[N][N];
    int i,j;
    cout <<"请输入"<< N * N <<"个整数: "<< endl;
    for (i = 0;i < N;i++)
        for(j = 0;j < N;j++)
            cin >> A[i][j];
    sort(A);
    return 0;
}
```

第一步: 启动 PureCoverage

如图 5-1 所示,为 PureCoverage 启动主界面。

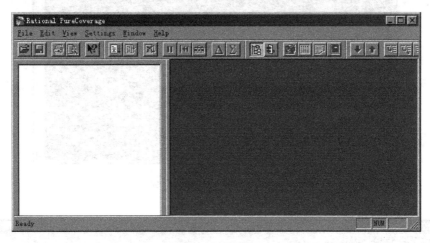

图 5-1　PureCoverage 启动主界面

第二步: 检测程序代码的测试覆盖度

(1) 选择 File 菜单中的 Run 命令,弹出 Run Program 对话框,如图 5-2 所示。Working directory 框中为选择的工作目录,默认情况下与被测程序同一目录; Collect Data From 选择被测程序是否是托管代码。

(2) 在 Program name 中选择被测对象 sortApp.exe 的路径后,单击 Run,运行程序,如图 5-3 所示为程序运行界面。

程序运行时,此处输入:

7↙ 2↙ 0↙ 1↙ 8↙ 4↙ 9↙ 2↙ 6↙ ("↙"表示回车)

(3) 程序运行结束,在浏览窗口中展现的检测结果数据如图 5-4 所示。该窗口以可执行代码所在模块视图(Module View)以及源代码所在的文件视图(File View)展示测试结果。

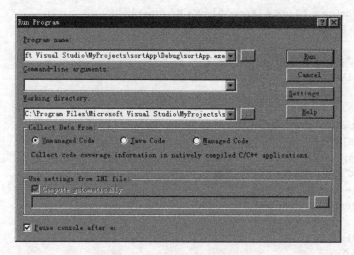

图 5-2 Run Program 对话框

图 5-3 被测程序运行界面

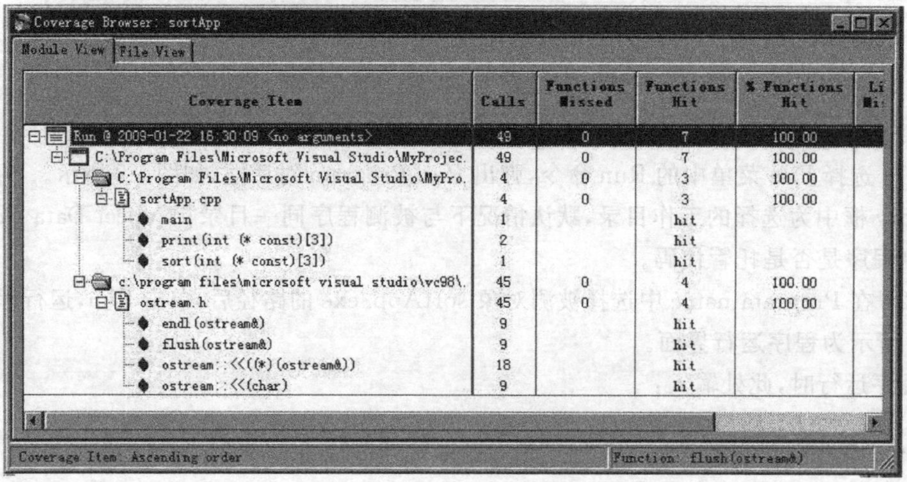

图 5-4 Coverage 测试结果数据

通过浏览窗口,可以看到被测程序的函数覆盖和代码覆盖情况。
Calls:函数被调用的次数;
Functions Missed:函数未被执行到的次数;
Functions Hit:函数被执行到的次数;
% Functions Hit:函数被执行到的百分比;
Lines Missed:函数中未被执行到的代码行数;
Lines Hit:函数中被执行到的代码行数;
% Lines Hit:函数中被执行到的代码数占函数总代码行数的百分比。
在如图 5-5 所示的摘要窗口中,可以看到该程序运行时的系统信息。

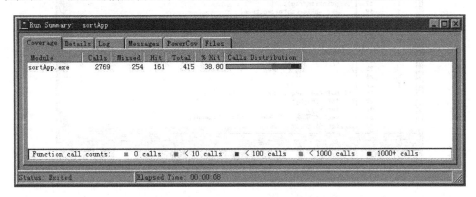

图 5-5 Coverage 的函数覆盖和代码覆盖情况

摘要窗口的有以下标签:

coverage:以数字和图形的方式显示测试过程总体覆盖信息,包括模块调用的次数,以及模块中函数、过程或方法命中的百分比。

Details:查看包括测试运行的开始、结束的日期和时间,机器型号和操作系统版本,运行时间,命令行参数以及程序的工作目录等。

Files:查看与测试运行关联的文件选项,如文件缓冲区目录,源文件搜索路径,测试的文件名以及其他附加选项。

Log:查看当前测试的运行信息,包括测试的本地代码模块名称,以及运行过程遇到的问题信息。

Message:用于 PureCoverage 运行测试程序时有可能出现的内部错误信息。

(4) 双击 Coverage Browser 窗口中的文件或函数,或者选择 view 的 Funtion List,即可看到相应的程序代码。图 5-6 以 sort()函数为例。

此窗口可以看到函数源代码,红色表示该测试用例中未执行到的程序语句。可以根据测试结果,重新选择测试用例,覆盖上次运行时未覆盖到的代码或函数。

本例中,因为用户输入的数据是已经排序的,所以程序并未执行到数据交换语句,即此测试用例未覆盖到数据交换语句。

(5) 关闭 Coverage Browser 窗口,出现提示消息,询问是否选择保存。如图 5-7 所示。

(6) 若保存,在工作目录中生成一个.cfy 的文件,其中保存了 Coverage Browser 窗口的数据,以便进行数据共享。

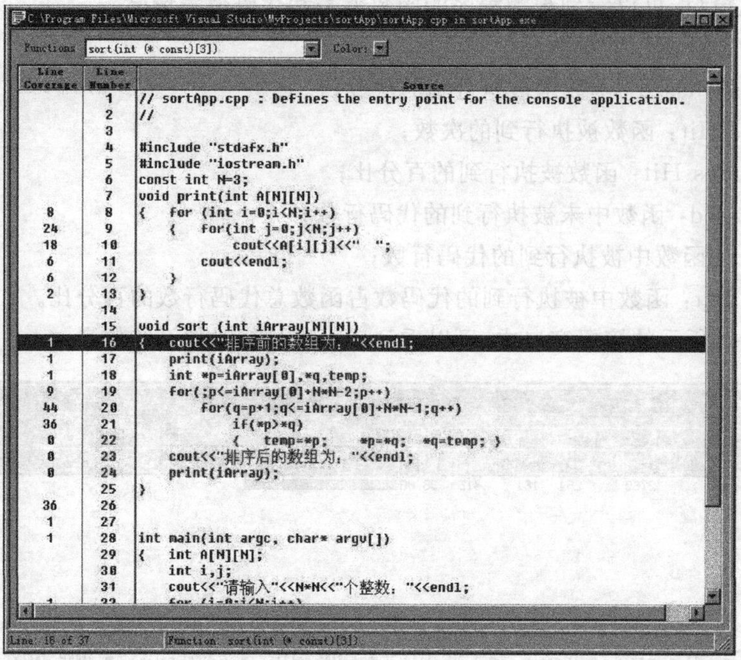

图 5-6　查看 Sort() 函数代码

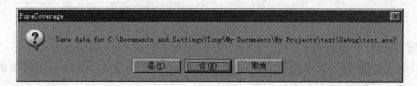

图 5-7　提示窗口

（7）不论是否选择保存，都在被测程序目录下生成一个 .log 文件，形成测试日志。

5.4　PureCoverage 参数设置

5.4.1　Settings 项中的 default setting

（1）PowerCov 标签（如图 5-8 所示）：

Line：以代码行作为默认的测试覆盖级别，记录代码行在程序执行时是否被命中。使用这个级别能提供最详细的数据，但是需要更多的程序运行开销。（只对 VC++、VB 等本地代码有效）

Function：使用函数作为默认的测试覆盖级别，记录函数在程序执行中是否被命中。如上例，如果选择此项，PureCoverage 会显示 sort() 函数被执行到，而不会以红色显示其中的排序语句未被执行。

Modules：选择包含的测试模块。除非特别排除某些模块，PureCoverage 会收集所有本地非托管代码程序的覆盖数据。

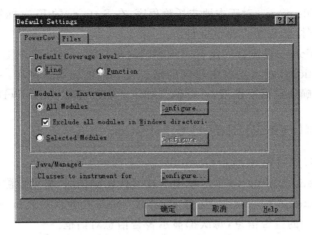

图 5-8　PowerCov 参数设置

（2）Files 标签（如图 5-9 所示）：

Cache directory：对本地非托管代码测试时，PureCoverage 用于缓存测试文件的目录。每次运行程序，重新测试一个新文件或更新文件时，PureCoverage 都检查缓存目录。PureCoverage 只测试那些时间戳过期或者测试类型改变的缓冲文件，以避免同一个文件被多次测试。

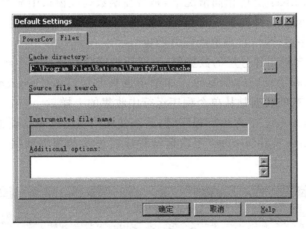

图 5-9　Files 参数设置

Source file search：在注释源代码窗口中显示的源文件搜索路径。可以指定多个路径，之间用分号";"隔开。

PureCoverage 使用下列搜索顺序定位源文件：

① 当前被测程序所处的路径；

② 在 Setting 窗口的 Files 标签中，为 exename 对话框指定的路径；

③ 对于 Visual C++程序，在 Visual Studio 工作区文件中指定的路径；

④ 在 Default Setting 对话框的 Files 标签中指定的路径；

⑤ 对于 Visual C++程序，MFC 和 Visual C++所处的路径；

⑥ PATH 环境变量中设置的路径。

Instrumented File name：对于本地非托管程序，在 Settings 的 Files 标签中为(exename)对话框指定路径和文件名，以缓存测试文件。

Additional options：设置程序运行时用到的附加标签。可以使用图形界面设置附加标签，也可以使用 Rational 技术支持中建议的格式设置附加标签。例如：一个程序执行过程中错误出现时允许确认对话框出现，可以输入如下的附加标签：/AllowDialogOnAssert。

5.4.2 Settings 项中的 Preferences

(1) Runs 标签(如图 5-10 所示)：

Show instrumention progress：对本地非托管代码测试时，显示检测对话框。

Show instrumention warnings：选择此项，对本地非托管代码测试时，在不同的程序文件中多次检测到相同的警告信息，每次都显示警告信息对话框。

Show LoadLibrary instrumention progress：如果不选此功能，运行后源文件列表为 none。

Confirm run concellation：每当单击 File 菜单下 Cancel Run 命令或者单击按钮中途取消测试程序的运行时，显示确认消息。

Show Coverage Browser：对当前数据做快照、归并数据、打开 .cfy 文件、打开 .pcy 文件、Purify 错误出现、退出正在运行的程序，这些情况出现时，是否在 Coverage Browser 窗口显示数据。

Show Function List：上述相同情况下，是否在函数列表窗口中显示数据。

Automatic Merge：选择此项，运行程序时，在 Navigator 窗口创建一个自动归并入口，并且在接下来的程序运行时，自动更新归并数据。

ActiveMerge：自动归并分层的数据集，方便用户区分和评估各个组件的运行。选择了此项，对随后的自动和手动归并都有效。如果不选择此项，PureCoverage 在一致的数据集中归并数据，如同所有的数据是从单个程序运行中收集的一样。

Use default filter set：下次运行程序时，是否使用当前的过滤器设置。

Use case sensitive path names：下次运行程序时显示的覆盖数据，路径名称是否区分字母大小写。

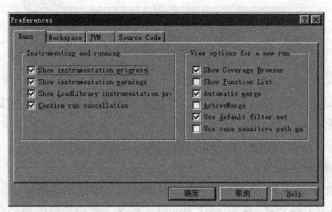

图 5-10　Preferences 中的 Runs 参数设置

(2) Workspace 标签(如图 5-11 所示)：

Show Welcome Screen at startup：独立启动 PureCoverage 软件时，每次都显示欢迎窗

口。PureCoverage 与 Visual Studio 集成使用时,不管此处如何设置,都不显示欢迎窗口。

Show directories in file names:在输出窗口中显示文件名时,是否同时显示该文件所处的路径。

Usesounds:出现下列事件时,是否播放提示音:错误、警告、欢迎屏幕、检测开始、检测结束、程序开始、程序结束。

Warn on unsaved data:关闭或退出一个没有保存测试数据的程序时,是否显示警告消息对话框。

Show in Navigator:每次运行程序时,是否在 Navigator 窗口显示诸如日期、时间等命令行参数等信息。

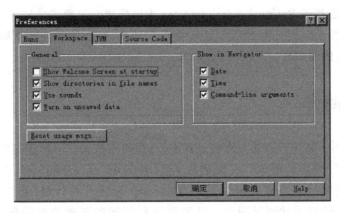

图 5-11　Preferences 中的 WorkSpace 参数设置

(3) JVM 标签(如图 5-12 所示):

测试 Java 程序时,此标签用于个性化 Java 虚拟机。

Microsoft JVM:选择该项,运行 Java 代码时使用 Microsoft JVM 虚拟机。

SUN JVM:选择该项,运行 Java 代码时使用 SUN 虚拟机。

Other JVM:选择该项,可以自由设置虚拟机及其参数。

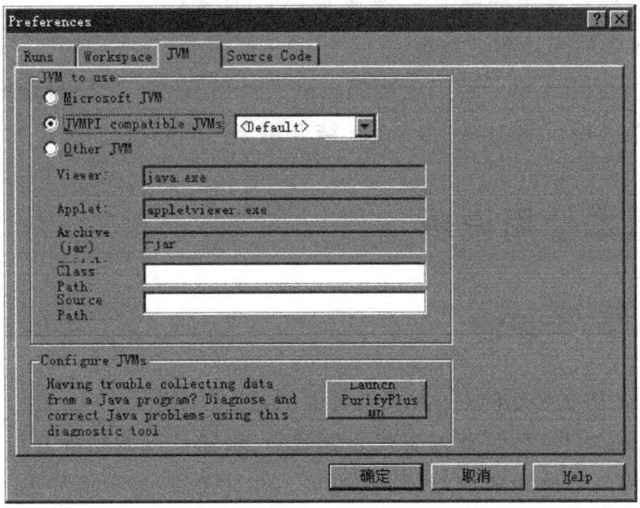

图 5-12　Preferences 中的 JVM 参数设置

第6章 Rational Robot 使用说明

本章内容主要基于 Rational Administrator 中已经建立的测试项目,结合本书第三部分"人事管理系统"教学案例介绍 Robot 工具的开发环境、性能和功能测试脚本的录制、查证点的设置、数据池的使用等。

6.1 功能简介

Rational Robot 是流行的功能测试工具之一,即使测试人员不熟悉高级脚本技术,也可以借助该工具进行成功的测试。它集成在 IBM Rational TestManager 之上,在实际使用时,测试人员可以借助于 IBM Rational TestManager 管理工具计划、组织、执行、管理和报告所有测试活动,包括手动测试报告。这种测试和管理的双重功能是自动化测试的理想开始。

Rational Robot 可开发三种测试脚本:用于功能测试的 GUI 脚本、用于性能测试的 VU 以及 VB 脚本。

Rational Test 中有两种模拟用户:

(1) GUI 用户:单用户,模拟前台的实际用户操作。

(2) 虚拟测试者:多用户,虚拟测试者模拟发送到数据库、Tuxedo 或者 Web 服务器的请求,Robot 记录网络流量等后台情况,忽略前台 GUI 操作。

Rational Test 中的两种测试类型:

(1) 功能测试:Robot 是一种用于功能测试的计划、开发、执行和分析工具。

(2) 性能测试:Robot 和 TestManager 结合用于性能测试。

6.2 工具基本使用说明

6.2.1 登录/主界面

Rational Robot 初次启动时,进入登录界面,如图 6-1 所示。

要想进入 Robot 主界面,需要首先建立测试项目(参见以前的章节)。单击上图 Project 所示的下拉框,选择已经建立的测试项目,也可以单击如上图所示的 Browse 按钮,找到已经建立的测试项目文件(如 test.rsp),即可以在 Location 框中看到该项目的绝对路径。

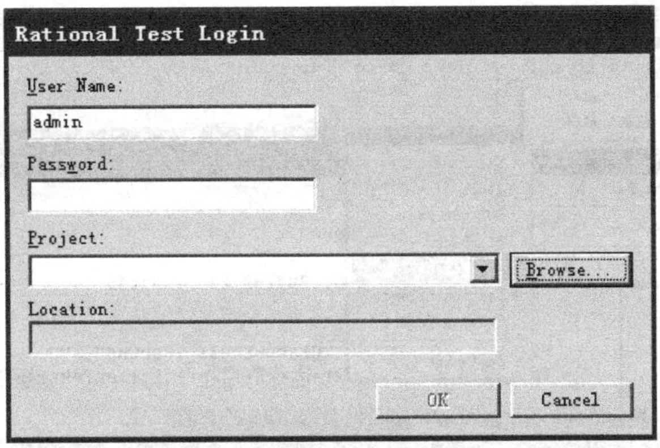

第6章 Rational Robot 使用说明

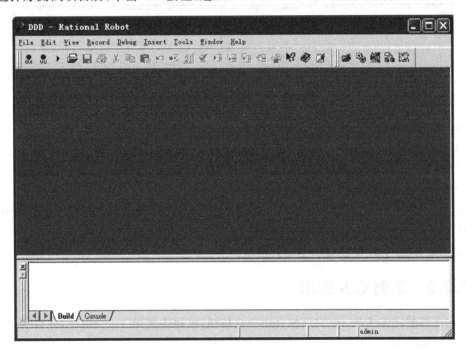

图 6-1 登录界面

选择好测试项目后,单击 OK 按钮,进入 Rational Robot 的主界面,如图 6-2 所示。

图 6-2 Robot 主界面

6.2.2 工具条操作

如图 6-2,单击 view 菜单,可以看到如图 6-3 所示工具条,工具条的详细操作参见《Rational Robot 基础使用手册》(注:该手册可以在网上免费下载)。

下面简要介绍工具条中几个常用菜单项的功能:

Standard:若选中如图 6-3 所示的 Standard 菜单项,则在工具条中将增加一行工具按钮如记录、回放、打开、保存、编辑、编译、调试及显示帮助信息等。

Tools:启动其他的 Rational 测试产品和组件,如 Rational TestManager、Rational

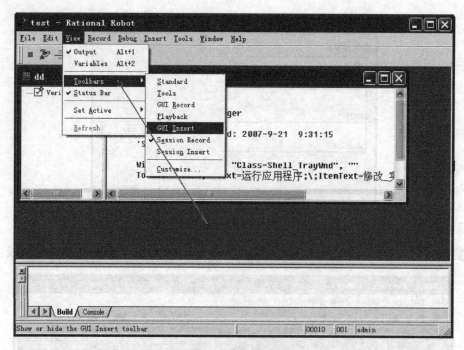

图 6-3 Robot 工具条菜单

TestFactory、Rational SiteCheck、Rational Administrator 及 ClearQuest 等；

GUI Record：暂停或停止记录，打开 Robot 窗口，显示 GUI 插入工具栏；

GUI Playback：回放及调试 GUI 脚本；

GUI Insert：向 GUI 脚本中插入特写；

Session Record：停止记录会话（VU 脚本），打开 Robot 窗口，分离脚本，显示会话插入工具栏；

Session Insert：往 VU 脚本中插入特写。

6.2.3 录制 GUI 脚本

单击工具栏上的 Record GUI Script 工具按钮，或单击菜单 File→Record GUI，将弹出如图 6-5 所示的窗口。

图 6-5 所示的窗口列表中列出的 VB_RoseTest、YXXT_SimpleRecord 是先前录制的脚本。在该窗口中输入脚本名称（最多 40 字符）或者从脚本列表中选择一个脚本即可以进行脚本的录制。

若要新建一个脚本，直接在图 6-5 的 Name 后的文本框中输入新建脚本的名称（该脚本名称与列表中列出的都不相同，若相同，则是修改脚本）；若要修改已有的脚本，双击如图 6-5 所示下方文本框中列出的某一个脚本，自动进入该脚本的编辑界面。

要改变记录设置，单击 Options… 按钮，完成设置后单击"确定"按钮。

如果选中一个预定义的或者已记录的脚本，可以通过 Properties 菜单项设置脚本属性，如图 6-6 所示，设置完成后，单击"确定"退出。

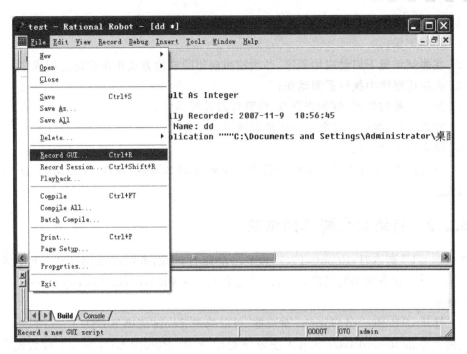

图 6-4 单击 Record GUI 菜单

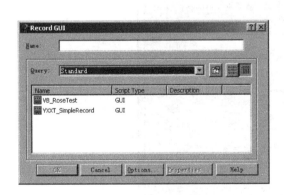

图 6-5 Record GUI 界面

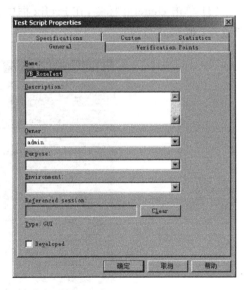

图 6-6 改变记录设置

6.3 GUI 脚本及其应用举例

6.3.1 GUI 记录工作流程

对项目进行功能测试时,通常对项目中的功能点录制多个脚本,在脚本中记录鼠标、键盘等行为细节，以进行修改和回放，记录 GUI 脚本的一般流程为：

(1) 开始记录；

(2) 在测试环境下启动应用程序，必须按照期望回放的方式正确启动应用程序；

(3) 在应用程序中执行系列动作；

(4) 加入必要的特写，例如查证点、注释以及计时器等；

(5) 如有必要，将面向对象记录切换至底层记录方式；

(6) 结束记录会话；

(7) 可选操作，通过文件菜单中的属性菜单定义脚本属性，或在 Test Manager 中定义脚本属性。

6.3.2 自动命名脚本的创建

在录制 GUI 脚本时，Robot 可以对脚本自动命名，录制者可以采用具有一定含义的名称。如要建立测试查询功能的脚本，可以采用名称 query001，querey002，query003，…，具体操作步骤如下：

(1) 打开 GUI Record Options 对话框，可以单击 Tools 菜单下 GUI Record Options 或在工具栏上单击 Record GUI Script 按钮开始记录，在 Record GUI Script 对话框上单击 Options…按钮。

(2) 单击 General 标签，在 Prefix 框中输入前缀，如 Query，设置完毕，单击"确定"按钮，如图 6-7 所示。

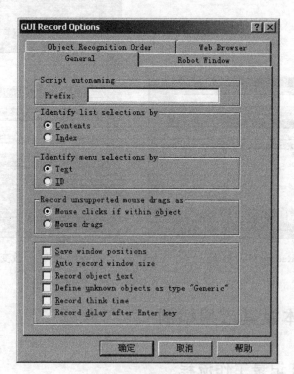

图 6-7　脚本自动命名设置

6.3.3 录制脚本

目前在软件开发过程中经常使用的开发平台有 C++、.NET、JAVA 等,用户可以在 Rational Robot 诊断工具环境下启动应用程序,将操作过程录制成脚本,以进行回放。

下面首先以 C++ 版本的人事管理系统为例介绍录制步骤:

(1)单击 FILE→Record GUI 启动 Record GUI 窗口,输入脚本名称 PersonManage,单击 OK,弹出 Record GUI 窗口如图 6-8 所示。

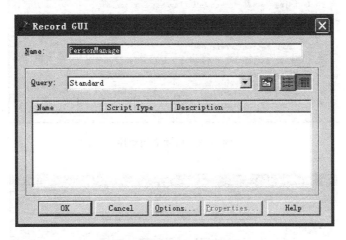

图 6-8 Record GUI 界面

单击 OK 按钮,进入 GUI Record 界面。

(2)单击 GUI Record 工具条(如图 6-9 所示)或 GUI Record 快捷栏上 Display GUI Insert Toolbar 按钮。

(3)单击 GUI Insert 工具条上适当的启动按钮(启动应用程序、启动 Java 应用程序、启动浏览器,参见图 6-10 到图 6-12)。

图 6-9 GUI Record 工具条

图 6-10 启动应用程序

图 6-11 启动 Java 应用程序

图 6-12 启动浏览器

(4）测试 C++ 编写的应用程序时，单击如图 6-10 所示的启动按钮，进入如图 6-13 所示界面；测试 Java 编写的应用程序时，单击如图 6-11 所示界面，进入图 6-14 所示界面；测试基于 Web 的应用程序时，单击如图 6-12 所示界面，进入如图 6-15 所示界面。

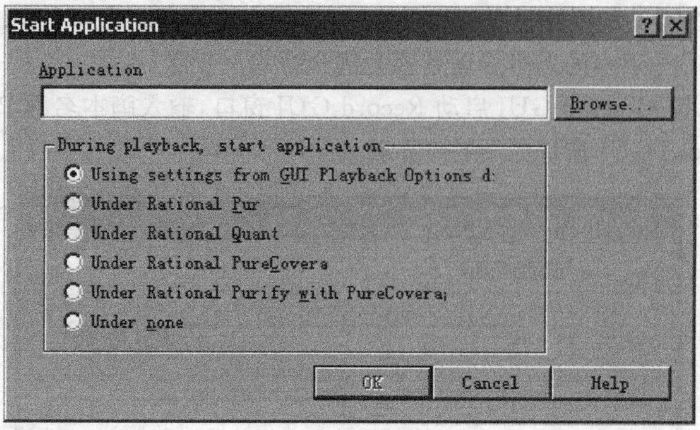

图 6-13　启动应用程序

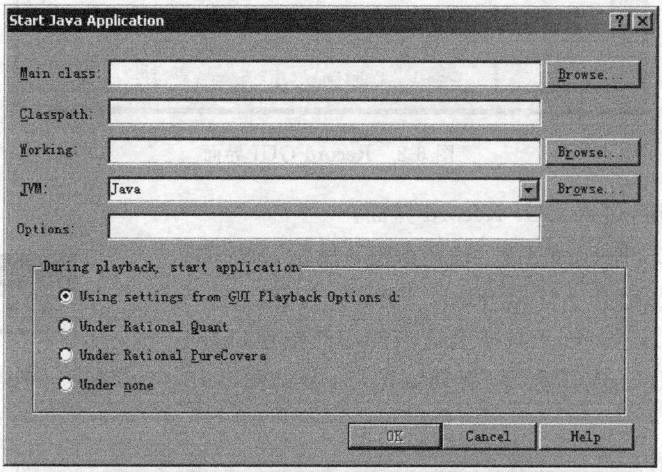

图 6-14　启动 Java 应用程序

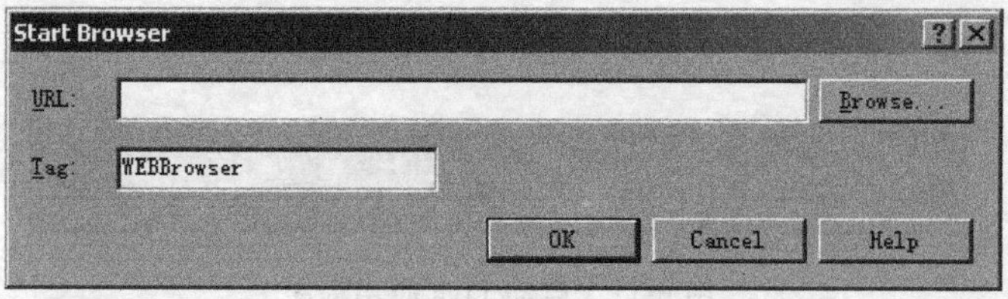

图 6-15　启动浏览器

（5）单击如图 6-13 所示的 Browse 按钮，找到要测试的应用程序，这里采用本书附录中提供的案例程序，选择…\ personManage\Debug\personManage.exe。

（6）单击图 6-16 所示的 OK 按钮，进入录制界面，此时 Robot 自动在测试环境中启动文件名为 personManage 的应用程序，如图 6-17 所示。

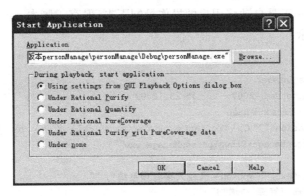

图 6-16 选择应用程序

图 6-17 启动 C++应用程序

(7) 在该程序中增加一个学院,如图 6-18 所示单击菜单"部门管理"→"增加部门",增加一个"生命科学学院"。

(8) 单击"保存"按钮,然后关闭应用程序,再单击"停止"按钮,停止录制,如图 6-19 所示。

图 6-18 增加部门记录界面　　　　　　　　图 6-19 停止录制界面

（9）此时，Robot 工具自动将用户的操作录制下来，保存于脚本 personManage 中，脚本的部分内容如下所示：

```
Sub Main
    Dim Result As Integer
    'Initially Recorded: 2007-11-15 23:18:09
    'Script Name: PersonManage
    StartApplication """C:\Documents and Settings\cbl\桌面\cbl_实验程序\C++版personManage\personManage\Debug\personManage.exe"""

    Window SetContext, "Caption=高校人事管理系统", ""
    MenuSelect "部门管理->增加"

    Window SetContext, "Caption=增加部门记录", ""
    InputKeys "1"
    EditBox Click, "ObjectIndex=1", "Coords=101,17"
    InputKeys "1"
    EditBox Click, "ObjectIndex=1", "Coords=111,4"
    Window MoveTo, "", "Coords=313,273"
    InputKeys "009"
    EditBox Click, "ObjectIndex=2", "Coords=50,14"
    InputKeys "生命科学学院"
    PushButton Click, "Text=保存"
        ⋮
    Window SetContext, "Caption=高校人事管理系统", ""
    Window CloseWin, "", ""
End Sub
```

（10）若想回放脚本，单击如图 File→Playback，进入如图 6-20 所示界面，选中脚本 PersonManage，鼠标双击或单击 OK，即进入如图 6-21 所示界面。

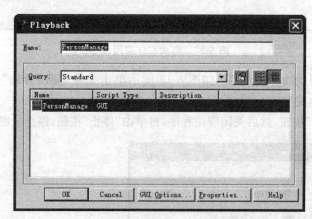

图 6-20　选择录制好的脚本

（11）单击"OK"，用户可以发现自己刚才录制的动作，被重新回放了一遍。

（12）若回放成功，在 TestManage 中显示相关提示信息如图 6-22 所示，若有错误，用户也可以在 TestManage 中查看错误原因。

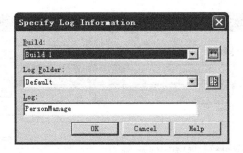

图 6-21　指定日记信息

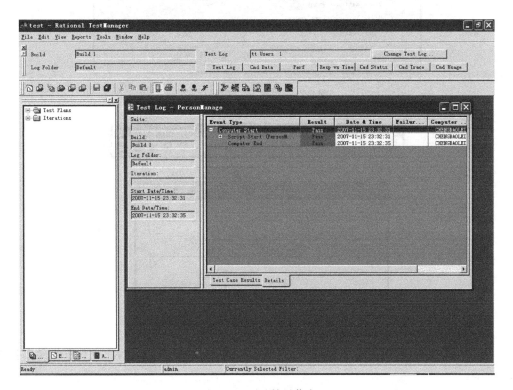

图 6-22　测试结果信息

6.3.4　录制 Java 应用程序

录制 Java 应用程序与 C++ 应用程序的区别在于，必须找到包括 main 函数的类经过编译后的字节码文件。

如图 6-23 所示，XiTong 是 Java 版人事管理系统中包括 main 函数的类，单击 OK，即可以进入主界面，接下来的操作类似于 6.3.3。

6.3.5　录制 .NET 应用程序

在 GUI Insert 工具条中，单击 Insert StartDNApplication，启动 Start Managed Application 界面，选择待运行的应用程序，如图 6-24 所示。

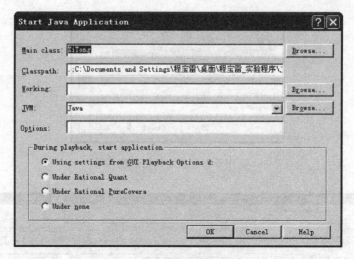

图 6-23　录制 Java 应用程序

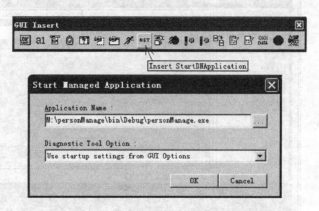

图 6-24　录制 .NET 应用程序

单击 OK 按钮,即可启动应用程序,开始录制脚本,如图 6-25 所示,接下来的操作参见 6.3.3 节。

图 6-25　录制 .NET 应用程序

6.3.6 录制 Web 应用程序

用户可以对任一 Web 网站进行测试,测试时需提供网站的 URL 地址。如果测试本书提供的案例,测试前需在本地机器上安装配置 Tomcat 环境,发布 demo_hr 工程。

准备工作完成后,在如图 6-26 所示的 URL 窗口中,输入人事管理系统的服务器地址:http://localhost:8000/demo_hr。单击 OK,则通过调用 IE 启动 demo_hr 网站,如图 6-27 所示。

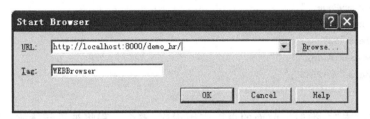

图 6-26 录制 Web 应用程序

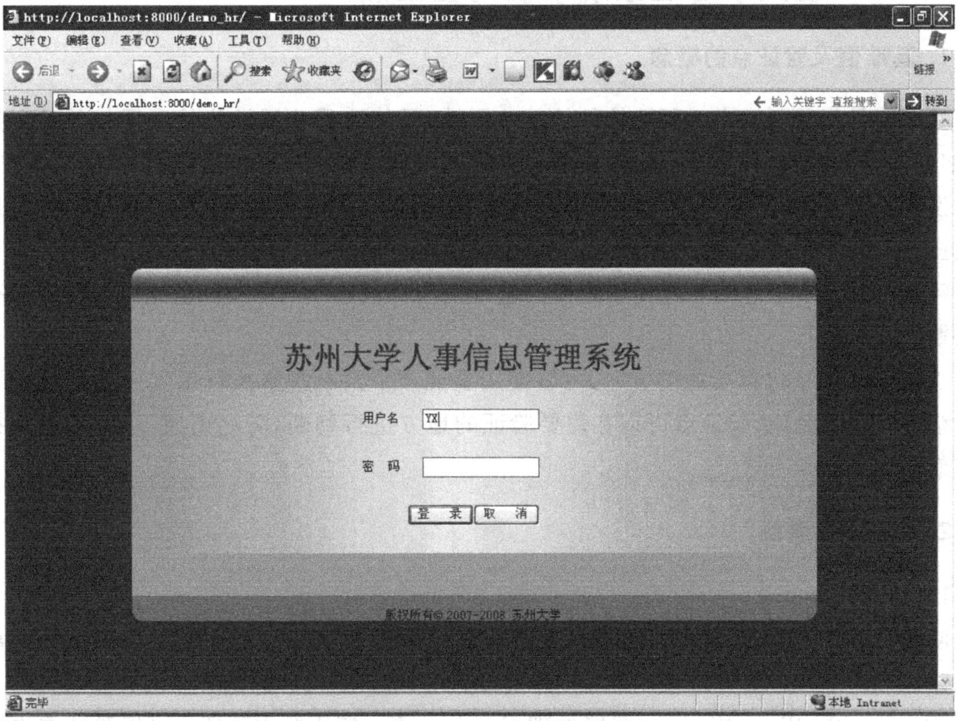

图 6-27 录制 Web 应用程序

若用户感兴趣的话,可以登录系统,录制有关系统具体功能的脚本。

关闭 IE 后,即可生成如下脚本:

```
Sub Main
    Dim Result As Integer
```

```
        'Initially Recorded: 2007-11-19 21:49:27
        'Script Name: PersonManage

    Window SetContext, "Class = Shell_TrayWnd", ""
     Toolbar Click, " Text = 运行应用程序;\; ItemText = MyEclipse J2EE Development -
HelloApplet.java - Eclipse SDK", "Coords = 63,20"
    StartBrowser "http://localhost:8000/demo_hr/", "WindowTag = WEBBrowser"

    Window SetContext, "WindowTag = WEBBrowser", ""
    Browser NewPage,"",""
    EditBox Click, "Name = user", "Coords = 65,12"
    InputKeys "YX"
    Window WMaximize, "", ""
    InputKeys "%{PRTSC}"
End Sub
```

当回放该脚本时,类似于前面的桌面应用程序,整个过程将被重新播放一遍。

6.3.7 在人事管理系统中使用验证点

1. 基准值及验证点的概念

基准值是指录制脚本时所选控件的某些属性,具体取哪些属性依赖于添加的验证点类型,如成绩、年龄及金额等可以取数值型;姓名、工作单位及职业等可以取字符类型等。

设置验证点后,通常都会产生一个基线文件,此文件的值是录制过程中抓取的控件属性值或控件中的数据等,可以进行修改。

验证点的基本思想是通过比较控件的基准值与回放脚本时的实际值来判断程序是否按照预期的设想执行。

当在 Robot 中进行功能测试时,可以使用验证点来判断脚本执行后程序是否达到了预期的结果。也就是说,验证点可以在需要验证的地方进行判断,满足则通过,不满足则提示错误信息。

2. 验证点的种类

1) Alphanumeric

使用 Alphanumeric 验证点可以从单行或多行编辑框及其他 Robot 可以识别的对象中捕获并比较字母或数字的值。包括 CheckBox、Generic、GroupBox、Label、PushButton、RadioButton、ToolBar、Window(只能处理 Caption)等。使用此类验证点可以验证文本的改变,拼写错误及确保数值的准确等。

在本章后续的内容中我们将对这种验证点的使用方法进行举例说明。

2) Clipboard

对于用其他类型的验证点不能捕获的对象文本,可以使用 Clipboard 类型。被测应用程序必须支持拷贝或剪切功能,这样才能将对象数据拷贝到 Clipboard 中进行比较。这种 VP(验证点)对于从电子表格和文字处理的应用程序捕获数据,是十分有效的。

3) File Comparison

使用该验证点可以在回放过程中比较两个文件的内容,比较基于文件内容和大小,不考虑文件的名称和日期。

4) File Existence

使用 File Existence VP 在回放时查找一个文件。在创建此类 VP 的时候,你需要指定该文件的驱动器、目录和文件名。在回放时,Robot 在指定的位置检查该文件是否存在。

5) Menu

使用此验证点捕获所选菜单的标题、菜单项、快捷键和状态(enable,disabled,grayed 或 checked)。Robot 可以记录五级子菜单的信息。添加此类验证点时,可以根据需要选择部分菜单进行验证,也可以直接编辑菜单项的值来改变捕捉到的基准值。回放脚本时,Robot 会检测所选菜单的内容、状态、快捷键是否与基准值一致,而对菜单项的位置不做检测。

6) Object Data

使用 ObjectData 验证点对对象中的数据进行验证,这些对象包括:标准的 Window 控件、ActiveX 控件、VB 的 Data 控件、HTML 及 Java 对象、PowerBuilder 的 DataWindow 和 DataStore 控件、菜单等。同 Menu 验证点一样,也可以只选择部分数据作为基准值进行测试。

7) Object Properties

使用 Object Properties 验证点对标准 Windows 对象的属性进行验证(属性指控件的一些特征,比如编辑框的 name、readonly、value 等等),也支持一些特殊的对象如 ActiveX 控件、VB 的 Data 控件、HTML 及 Java 对象、PowerBuilder 的 DataWindow。添加此类验证点后,Robot 将显示出被捕获的对象及其相应属性的列表,可以从该列表中选择要测试的属性。

8) Region Image

使用 Region Image 能捕获及比较位图的屏幕区域。

9) Web Site Compare

使用 Web Site Compare 捕获 Web 站点的基线,并及时与另一 Web 站点比较。

当回放一个 Web Site Compare VP 时,SiteCheck 启动运行并将所选择的基线与录制该 VP 时所选择的站点进行比较。如果发现了任何的缺陷,该 VP 将失败。回放 Web Site Compare VP 后,可以在 TestManager 的日志中查看回放的结果。

10) Web Site Scan

可以通过使用 Web Site Scan 验证点检查每次修改后 Web 站点的内容,确保这些变化不会有差错。

当回放一个 Web Site Scan VP 时,SiteCheck 启动运行并且根据录制该 VP 时所选择的选项来浏览该站点。如果发现了任何的缺陷,该 VP 将失败。回放 Web Site Scan VP 后,可以在 TestManager 的日志中查看回放的结果。

11) Window Existence

使用 Windows Existence 验证点可以判断窗口是否存在以及验证窗口的状态,这些状态包括:正常、最小化、最大化或者是隐藏。此类验证点不生成基准数据文件,要修改基准数据必须重新录制脚本。最常用的是用来验证单击按钮后是否出现了预期的窗口。

12) Window Image

捕获及比较位图（菜单、标题栏和未捕获的边框）窗口的用户区域。

3. 验证点使用过程举例

假设现在准备增加一个新员工，该员工的部门编号为 1002，部门名称为计算机科学与技术学院的记录，那么我们可以在部门编号对应的控件上创建验证点的操作步骤如下：

（1）如图 6-28 所示，首先单击 GUI Insert ToolBar，然后单击 Alphanumeric。

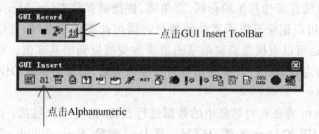

图 6-28　设置数值型验证点

（2）可以给 Alphanumeric 验证点命名，如 Bumen（如图 6-29 所示）。用户若想查看在线帮助，可以单击 help 按钮，若基线的值与回放时的值一致，则 Pass，否则 Fail。

（3）单击 OK，进入如图 6-30 所示界面。

如图 6-30 所示，可以看到有八种查证方法。

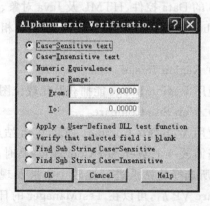

图 6-29　设置验证点名称　　　　　　图 6-30　选择验证方法

① Case-Sensitive：校验记录时捕获的文本与回放时捕获的文本是否完全匹配。

② Case-Insensitive：校验记录时捕获的文本与回放时捕获的文本是否匹配（不区分大小写）。

③ Find Sub String Case-Sensitive：核实记录时捕获的文本是否是回放时捕获的子串（区分大小写）。

④ Find Sub String Case-Insensitiv：核实记录时捕获的文本是否是回放时捕获的子串（不区分大小写）。

⑤ Numeric Equivalence：核实记录时的数据值与回放时是否相等。

⑥ Numeric Range：核实数字值的范围。

⑦ User-Defined/Apply a User-Defined DLL test function：将文本传给动态连接库中的函数以便运行定制的测试。

⑧ Verify that selected field is blank：校验选中的字段是否为空。

（4）这里采用默认的 Case-Sensitive，单击 OK，进入如图 6-31 所示的界面。

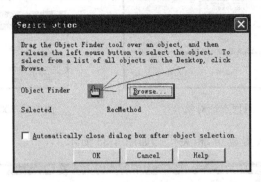

图 6-31　选择验证对象

用鼠标单击图 6-31 中箭头指向的对象发现工具，按住鼠标不放，将其移动到"部门"控件上，松开鼠标，如图 6-32 所示。

图 6-32　选择增加教职工记录界面中的"部门"对象

重新进入如图 6-33 所示界面。

单击 OK，弹出如图 6-34 所示界面。

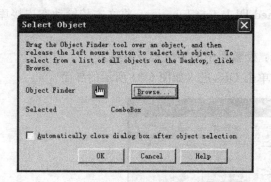

图 6-33 返回查证对象　　　　　图 6-34 对象捕捉成功界面

单击"是",验证点设置成功,相关代码如图 6-35 所示。

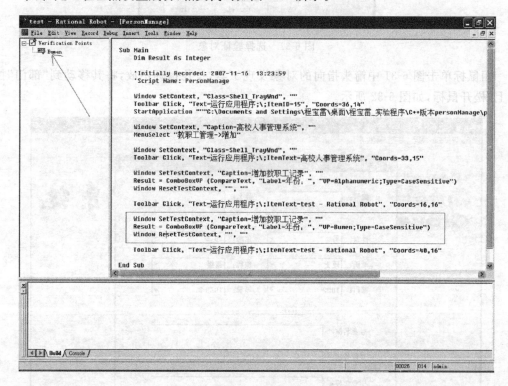

图 6-35 验证点设置成功后的脚本

验证点的值可以进行修改,双击如上图所示的左边的 Bumen,即可以进入修改界面如图 6-36 所示。

回放录制好的脚本文件,可以看到如图 6-37 所示结果。

双击上图右侧加亮的一行,可以查看验证点的具体信息(如图 6-38 所示)。

若修改了基线值,如将部门编号"1002"改成"1001",再回放脚本,则会有如图 6-39 所示结果。

双击加亮的一行,则可以看到如图 6-40 所示的具体信息。

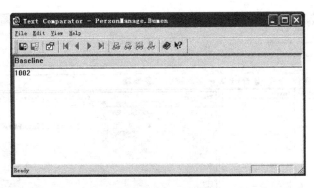

图 6-36 验证点编辑窗口

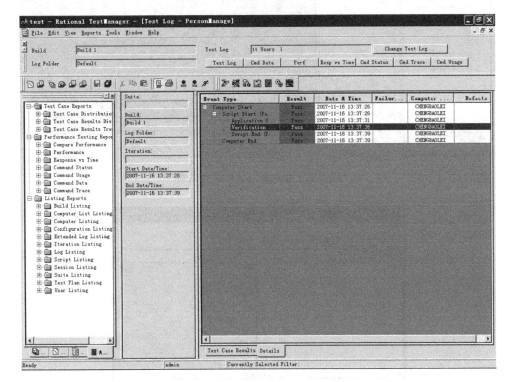

图 6-37 回放脚本成功结果

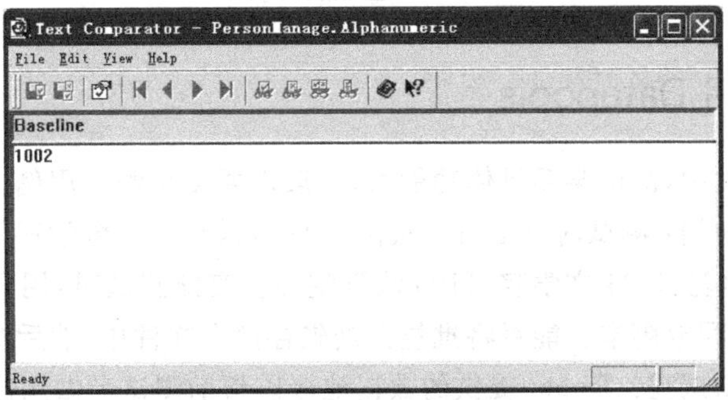

图 6-38 验证点详细信息

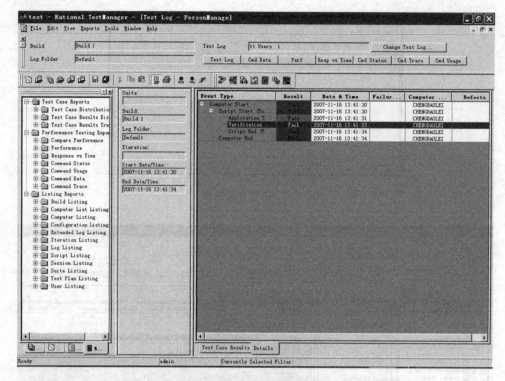

图 6-39 修改基线后的运行结果

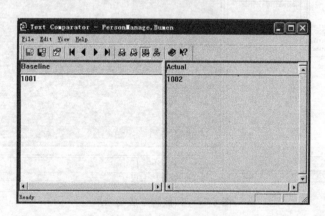

图 6-40 验证点比较器

6.3.8 使用 Datapools

在软件测试过程中,测试某项具体功能时,一般需要多个测试用例。以人事管理系统中测试增加部门功能为例:测试时需准备一批测试数据,如 1101 数学科学学院、1102 物理学院、1103 化学化工学院、1104 文学院、1105 法学院等。实施测试时,用户并不希望对每组测试数据都录制脚本、回放脚本。能否将批量数据先存储在文件中,然后测试脚本从该文件中取出数据自动完成测试呢? Robot 提供的数据池可以帮助测试者做到这点。

1. Datapools 的概念及其作用

Datapool 是一个测试数据集。它在脚本回放期间将数据值提供给脚本变量。常见的做法是对录制好的脚本进行修改。Datapool 的作用如下：

（1）每个虚拟测试人能在脚本运行时发送实际数据（独一的数据）给服务器。

（2）单一的虚拟测试人多次执行相同的事务时，能在每次执行事务发送实际数据给服务器。

如果在回放脚本期间不用数据池，每个虚拟测试人会发送相同的数据给服务器（此数据是录制脚本捕获的数据）。

例如：假使你在记录 vu 脚本时发命令数 53328 给数据库服务器，若有 100 个虚拟测试人在运行这个脚本，则命令数 53328 会给服务器发送 100 次。如果运用 Datapool，每个虚拟测试人会发送不同命令数给服务器。

2. Datapool 的结构

Datapool 是一个扩展名为.csv 的文件，此文件有如下特征：

（1）每行包含一项记录。

（2）每项记录包含被 separator character 限定的 datapool 值域。

（3）datapool 值域可包含脚本。

（4）datapool 文件的每个 column 包含 datapool 值域的列表。

（5）如果值附在双引号内，这单一的值包含一个 separator character 域，如"jones,Robert"在记录中是单一的值，不是两个。当值被存储在 datapool 文件中才用引号。引号不是供给应用程序的值的一部分。

（6）一个单一的值可包含"内含行"。例如，"jones,robert"bob""是一个记录的单一值，不是两个。

.csv 和.spc 存储在 Robot 工程的 datapool 目录中。

下面是一个有三行数据的 datapool 文件的示例：

John,Sullivan,238 Tuckerman St,Andover,MA,01810

Peter,Hahn,512 Lewiston Rd,Malden,MA,02148

Sally,Sutherland,8 Upper Woodland Highway,Revere,MA,02151

3. 建立人事管理系统的部门 Datapool

如图 6-41 所示，启动 TestManager，单击 Tools→Manage→Datapools。

进入如图 6-42 所示界面。

已经建立了三个 DataPool，列在上图的左边，单击 New，建立新的 DataPool，命名为 BmDatapool。

单击"确定"，弹出如图 6-44 所示对话框，询问是否要立即定义数据池的列，单击"是"按钮，进入如图 6-45 所示界面。

插入两列，名称分别为 BH、MC，类型为 String Const，如图 6-46 所示。

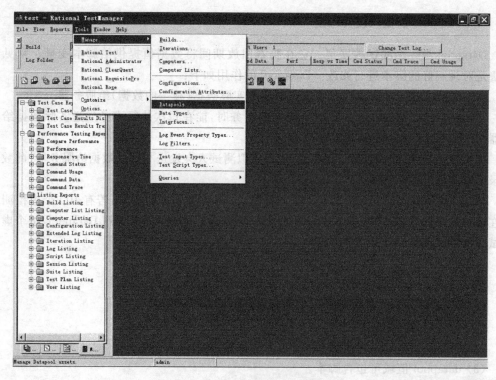

图 6-41　单击 Datapools 菜单

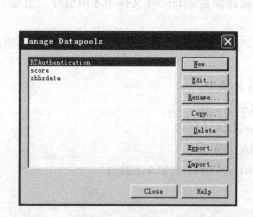

图 6-42　管理 Datapools

图 6-43　建立名为 BmDapool 的数据池

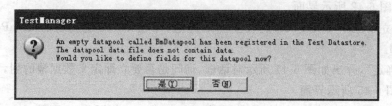

图 6-44　询问是否定义列

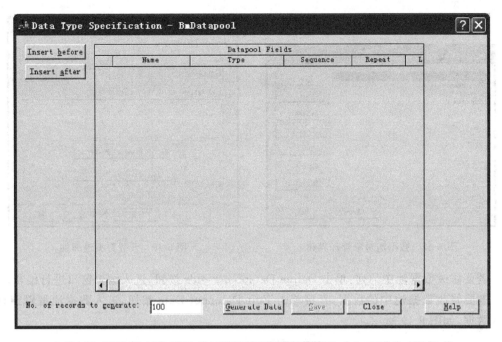

图 6-45　数据池中的列定义界面

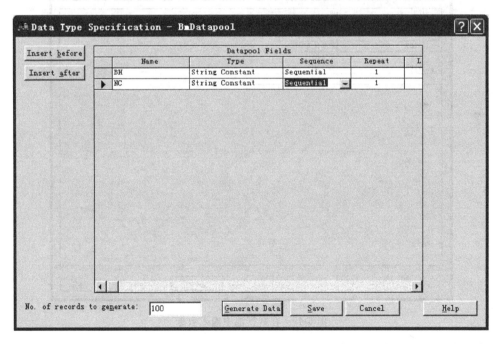

图 6-46　定义好 BH、MC 列的数据池

用户可以单击下方的 Generate Data 按钮生成一批随机数据,也可以手工加入或导入一批数据,单击 Save 按钮,然后单击 Close 按钮,进入如图 6-47 所示界面。

单击 Edit 按钮,进入数据池属性设置界面(如图 6-48 所示)。

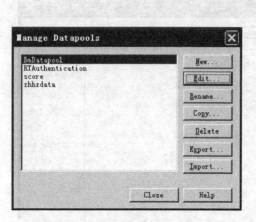

图 6-47 数据池对象管理界面

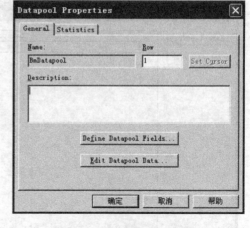

图 6-48 设置数据池属性

若要修改数据池中的列,单击 Define Datapool Fields 按钮,进入编辑窗口进行编辑。

若要修改数据池中的数据,直接单击 Edit Datapool Data 按钮,进入数据池编辑窗口,输入数据,如图 6-49 所示。

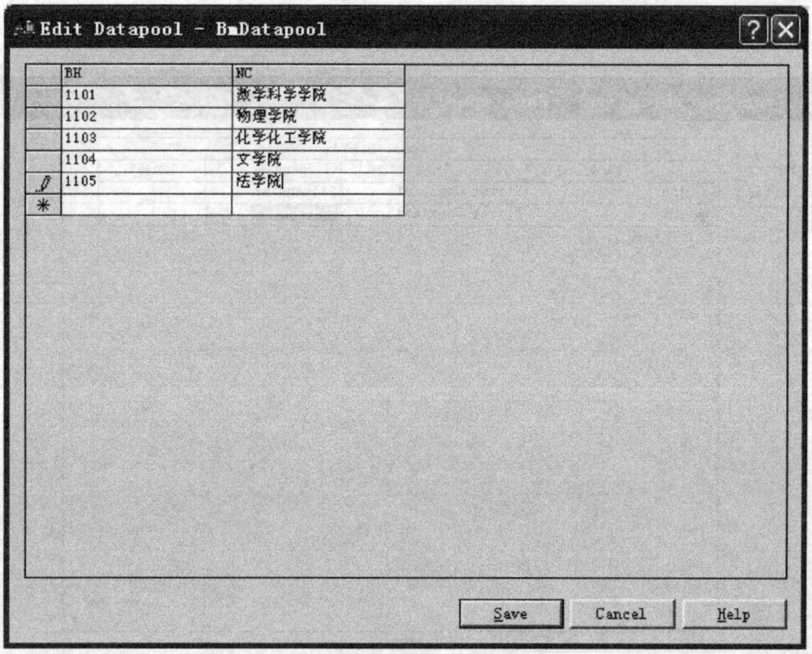

图 6-49 在数据池中输入数据

参考本章前面的章节录制一段增加部门的脚本,然后修改该脚本,加入数据池的引用。Datapools 使用样例代码如下:

```
' $ Include "sqautil.sbh"        '引入头文件
Sub Main
    Dim Result As Integer
    Dim ids As LONG
```

```
    Dim dp_number As String      '定义变量

    ids = SQADatapoolOpen ("BmDatapool",false,SQA_DP_SEQUENTIAL,true)
    Result = SQADatapoolFetch (ids)           '打开数据池
    while Result <> sqaDpEOF
        StartApplication """C:\实验二\Test\prjMain.exe"""
        Window SetContext, "Caption = 主界面", ""
        call SQADatapoolValue (ids, 1, dp_number)
        InputKeys dp_number

        EditBox Click, "ObjectIndex = 3", "Coords = 13,7"
        call SQADatapoolValue (ids, 2, dp_number)
        InputKeys dp_number     '将从数据池中取出数据内容写到相应位置
        Window Click, "", "Coords = 316,77"
        EditBox Click, "ObjectIndex = 2", "Coords = 24,9"
        PushButton Click, "Text = 确定"
        PushButton Click, "Text = 退出"
        Result = SQADatapoolFetch (ids)
    WEND
End Sub
```

6.3.9 删除 GUI 脚本

（1）如图 6-50 所示，单击 File 菜单下 Delete 菜单项。

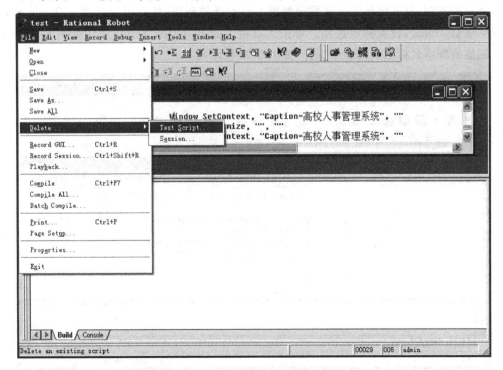

图 6-50　删除脚本文件

(2) 弹出对话框后,从列表中选中一个或者多个脚本。要改变脚本列表,从 Query 列表中选取不同的项目,如图 6-51 所示。

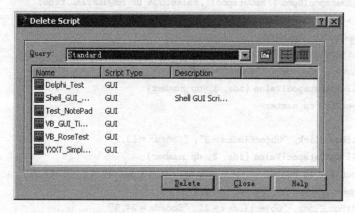

图 6-51 删除 GUI 脚本

(3) 单击 Delete 按钮。
(4) 关闭对话框。

从项目中删除 GUI 脚本的同时,也将删除对应的脚本文件(.rec)、可执行文件(.sbx)、验证点和底层脚本。

6.3.10 回放 GUI 脚本

回放脚本时,首先将环境恢复到录制脚本时选择的环境,然后可以在菜单 Tools→GUI Playback Options.,设置回放选项。单击工具栏上的 Playback Script 按钮如图 6-52 所示,输入回放的脚本名称或从列表中选择(如图 6-53 所示)。

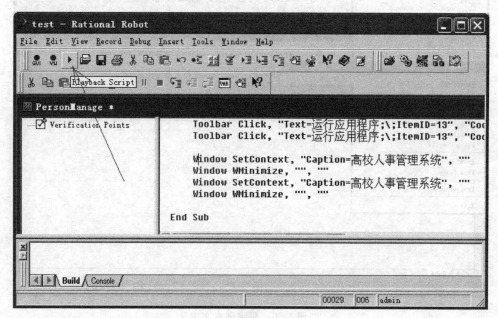

图 6-52 单击 Playback Script 菜单

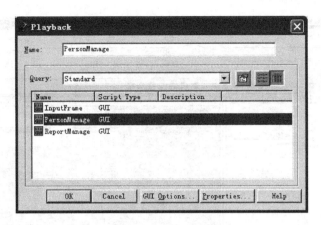

图 6-53　选择回放脚本

单击 Options 按钮可以改变回放选项,完成后单击 OK 按钮,会出现 Specify Log Information 对话框如图 6-54 所示,在该对话框中可以进行下列操作:

(1) 从列表中选择一种 Build;(单击右边的 Build Button 按钮创建一个新的 Build)。

(2) 从列表中选择一个日志文件夹;(单击右边的 Log Folder 按钮创建一个新的日志文件夹)。

(3) 接受缺省的日志文件名(与脚本文件相同)或输入一个新的名称。

单击 OK 按钮。

若出现提示询问是否覆盖日志如图 6-55 所示,执行以下任一操作:

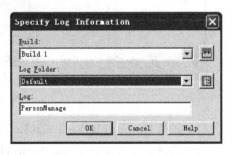

图 6-54　Specify Log Information 对话框

图 6-55　询问是否覆盖日志

(1) 单击"是(Y)"按钮覆盖日志。

(2) 单击"否(N)"按钮返回 Specify Log Information 对话框,更改 Build、日志文件夹及 And/or 日志信息。

(3) 单击"取消"按钮回放脚本。

1. 在 LogViewer 中查看结果(如图 6-56 所示)

回放结束后可以用 TestManger log 查看回放结果,包括验证点失败、程序失败、异常中断及附加的回放信息。

控制日志信息及显示日志,需要在 GUI Playback Options 对话框的 Log 页中设置选项:

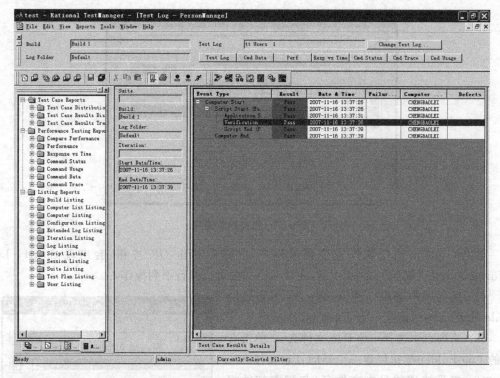

图 6-56　回放结果

(1) 选择 Output playback results to log，更新项目的回放结果。

(2) 选择 view log after playback，自动打开日志文件，若未选择，回放后可通过单击菜单 Tools→Rational Test→Rational TestManager，打开日志文件。

2. 在 Comparators 中查看验证点结果

可以在 TestManger log 中打开 Comparator，查看验证点结果。在日志文件的 Event Type 栏，选择一个验证点，单击 View→Verification Point。

3. 结束回放

脚本执行结束后，Robot 结束回放，若想手动结束回放，按功能键 F11。

6.4　VU 脚本及其应用举例

以测试人事处网站为例介绍 VU 脚本的使用。

6.4.1　录制的 VU 脚本

(1) 在工具栏单击 VU 快捷按钮或单击菜单 File→Record Session。进入 Session 录制界面。

(2) 输入 session 名称(不超过 40 字节)，或接受默认名。如果没有 session recording 选择权,可以单击权限按钮,进行权限设置。如图 6-57 所示,列出已经录制的两个性能测试脚 Main 和 Report,将再录制一个新脚本 Login。

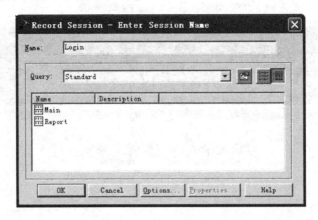

图 6-57 Record Session 界面

（3）在 session recording 界面单击确定按钮,弹出 session 名称对话框。测试本书附录中提供的人事网站,假设初始状态网站没有打开,此时将弹出 Start Application 对话框如图 6-58 所示。

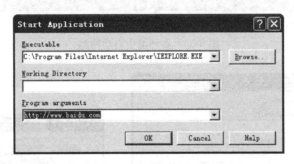

图 6-58 start Application 对话框

（4）在 Start Application 对话框中提供以下信息后,单击 OK 按钮:
① 在 Executable 中选择（输入）程序名称及其路径,如:

C:\Program Files\Internet Explorer\IEXPLORE.EXE

② 在 Program arguments 中写上人事网站的信息,如:

http://localhost:8000/demo_hr

（5）如图 6-59,输入用户名、密码,单击"登录"。
（6）插入内容。如通过浮动工具栏的 Session Insert 或 robot insert 菜单插入定时器。
（7）关闭浏览器程序。
（8）在 Session Record 浮动工具栏上单击 Stop Recording 按钮。
（9）弹出脚本对话框,为刚录制的脚本选择脚本名称或默认名称,如图 6-60 所示。
（10）单击 OK 按钮,出现产生脚本的对话框,该对话框反映了脚本自动生成的过程,一定时间后,脚本生成结束。在状态栏内出现成功信息,OK 按钮被激活,如图 6-61 所示。

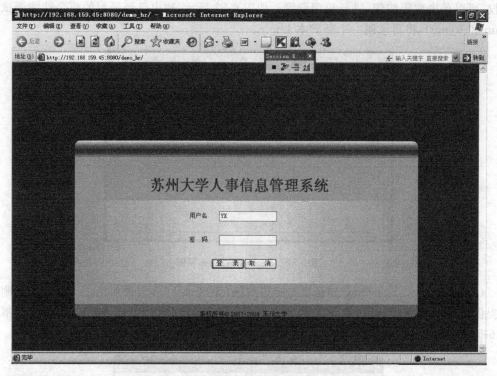

图 6-59 在环境中启动网站

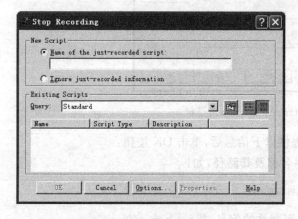

图 6-60 脚本名称

图 6-61 脚本生成成功

(11) 单击 OK 按钮,已录制的脚本出现在 robot 窗口中如图 6-62 所示。

6.4.2 回放 VU 脚本

在 ROBOT 中回放 VU 脚本:
(1) 选择菜单,File→Playback;
(2) 选择要播放的 VU 脚本名称;
(3) 单击"确定"按钮。

在 TestManager 中,回放 VU 脚本:

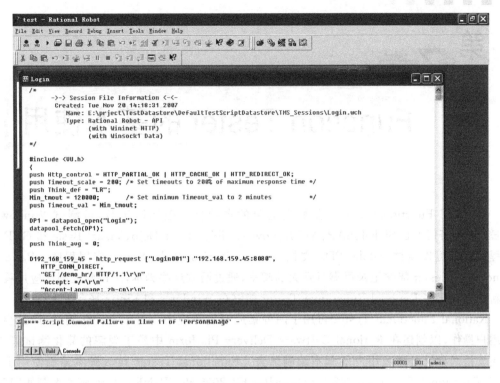

图 6-62　VU 脚本

① 在 TestManager，按 Run→ Suite；
② 在打开的对话框中单击"确定"按钮。

6.4.3　复制 VU 脚本

(1) 选择菜单 File→Open→Script；
(2) 选择要复制的脚本名，单击 OK 按钮；
(3) 选择菜单 File→Save As；
(4) 定义新的脚本名，单击 OK 按钮。

6.4.4　删除 VU 脚本

删除 VU 脚本时仅删除了.s 文件及其属性，不删除关联的会话文件(.wch)，如图 6-63 所示。

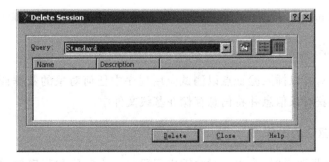

图 6-63　删除 VU 脚本

第7章 Function Tester 的基本使用

Rational Functional Tester 是面向对象的自动化功能测试工具，可测试 Windows、.NET、Java、HTML、Siebel、SAP、AJAX、PowerBuilder、Flex、Dojo、Visual Basic 和 GEF 应用程序。还可以测试 Adobe PDF 文档、zSeries、iSeries 以及 pSeries 应用程序。Rational Functional Tester 能够记录可靠且强大的脚本，通过回放这些脚本，可以验证测试应用程序的新构件。IBM Rational Functional Tester 能够在 Windows 和 Linux 平台上运行。

Rational Functional Tester 可用于两种集成开发环境中。对于自动化测试，产品会记录用户操作，以创建在 Rational Software Delivery Platform 中易于理解的简化测试脚本。它还支持两种针对高级用户的脚本编制语言。Functional Tester Java 脚本编制使用 Java 语言，Functional Tester VB.NET 2003、VB.NET 2005 和 VB.NET 2010 脚本编制使用 VB.NET 语言和 Microsoft Visual Studio .NET 开发环境。本章主要介绍在 Java/Eclipse 环境中使用 Rational Functional Tester。

实验使用 Rational Functional Tester 8.2.1，使用 Rational Functional Tester 进行功能测试的过程如下：

1. 创建或连接项目

为进行测试工作，首先要创建一个新的测试项目，若已有测试项目，则要连接到该项目。

2. 配置环境

包括配置测试环境和配置测试应用程序，要配置的测试环境包括 Java 环境、使用的 Web 浏览器。

3. 记录脚本

记录脚本时，Functional Tester 会记录针对应用程序的任何用户操作，例如击键和鼠标击键。

4. 插入验证点

在记录过程中，可以插入验证点以测试应用程序中任何对象的数据或属性。在回放过程中，验证点会捕获对象信息并将信息存储在基线文件中。

5. 插入数据驱动的操作

对测试进行数据驱动时，脚本会对关键应用程序输入字段和程序使用变量而不是字面值。可以使用外部数据来驱动要测试的应用程序。数据驱动的测试会使用来自外部文件（数据池）的数据作为测试的输入。数据池是相关数据记录的集合，该集合在测试脚本回放过程中提供测试脚本内变量的数据值。

6．回放脚本

记录后可以回放脚本。回放脚本时，Functional Tester 会重放记录的操作，从而使软件测试周期自动化。回放完成后，可以在日志中查看结果。结果包括任何记录的事件，例如验证点失败、脚本异常、对象识别警告以及其他回放信息。

7.1 Rational Functional Tester 工具的基本使用

7.1.1 选择工作空间

双击桌面的 图标打开 Rational Functional Tester（简称 RFT），RFT 将项目存储在一个称为工作空间的文件夹中。启动 Rational Functional Tester 后，出现如图 7-1 所示的界面，选择用于存储项目的工作空间（文件夹）。

图 7-1　工作空间启动界面

7.1.2 创建或连接测试项目

若要新建测试项目，单击 RFT 菜单的"文件"→"新建"→"Functional Test 项目"，在弹出的如图 7-2 所示的对话框中输入"项目名称"和"项目位置"，单击"完成"即可创建一个测试项目。图 7-2 中新建了测试项目 PersonManage。

若要连接到已有测试项目，单击 RFT 菜单中的"文件"→"连接到 Functional Test 项目"打开已经建立的实验用测试项目。在打开的对话框中单击"浏览"选择项目位置路径，输入项目名称，如图 7-3 所示。

7.1.3 主界面

RFT 主界面如图 7-4 所示。

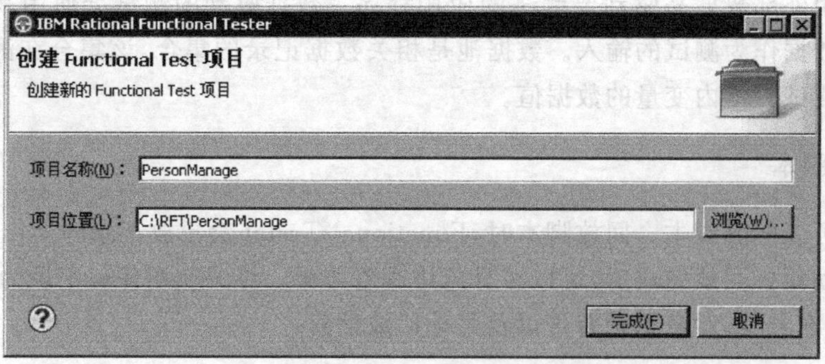

图 7-2 创建测试项目对话框

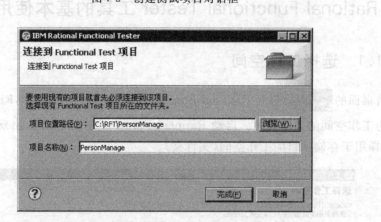

图 7-3 连接到测试项目对话框

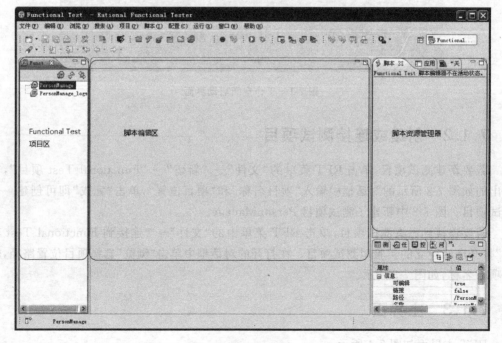

图 7-4 主界面

7.1.4 配置测试环境

在 Java/Eclipse 环境中使用 Rational Functional Tester，必须启用 Java 环境。安装 Rational Functional Tester 时，系统已经启用缺省的 JRE。如果对环境有特别要求，可进行如下操作启用其他 JRE。

（1）单击"配置"菜单→"启用环境进行测试"，单击"Java 环境"选项卡；

（2）单击"搜索"按钮。在"搜索 Java 环境"对话框中，选择"快速搜索"，然后单击"搜索"；

（3）系统会列出它所找到的环境。单击"全部选中"按钮启用所有列出的环境，然后单击"启用"；

（4）选择一个 JRE 作为缺省 JRE，并单击"设置为缺省值"。

操作完成后应如图 7-5 所示，单击"应用"，再单击"完成"，完成 Java 环境配置。

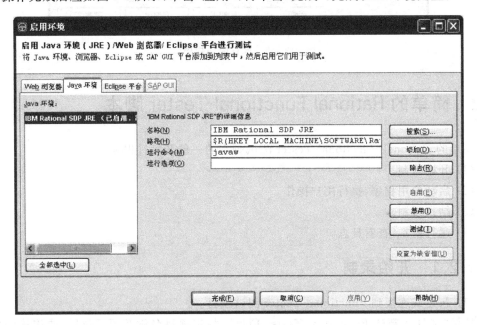

图 7-5　Java 环境配置

需要配置要使用 Functional Test 进行测试的应用程序，从而提供 Functional Test 用来启动和运行应用程序的名称、路径和其他信息。操作过程如下。

（1）单击"配置→配置应用程序进行测试"，启动 Application Configuration Tool。单击"添加"按钮。在"添加应用程序"对话框中，选择应用程序类型，并单击"下一步"。

（2）单击"浏览"查找应用程序。如果该应用程序是 Java 应用程序，那么请选择要添加的 Java 应用程序的 .class 或 .jar 文件。对于 HTML 应用程序，浏览到 .htm 或 .html 文件。对于 VB.NET 或 Windows 应用程序，浏览到可执行程序或批处理文件。当选择相应的文件后，单击"打开"按钮。

（3）单击"完成"。该应用程序将会显示在 Application Configuration Tool 内的"应用程序"列表中。单击"确定"或"应用"保存更改。完成后如图 7-6 所示。

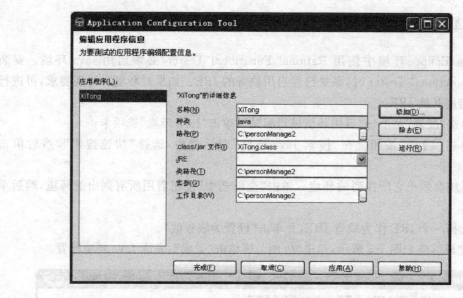

图 7-6　配置应用程序

7.2　简单的 Rational Functional Tester 脚本

简单的 Rational Functional Tester 测试脚本的一般开发过程为：
（1）开始录制。
（2）启动应用程序，执行用户操作。
（3）结束录制。
（4）运行脚本，查看日志。

7.2.1　开始录制

（1）新建或连接到 Functional Tester 测试项目。

选择"文件→新建 Functional Tester 项目"，指定项目名称及项目位置，或连接到已有测试项目 PersonManage。

（2）Rational Functional Tester 可以通过记录用户的鼠标、键盘动作来录制脚本，也允许用户自己编辑脚本。通常情况下，用户可以先使用记录器录制脚本，再根据需要对其进行编辑，以提高脚本的编辑效率。单击 RFT 工具栏上的"记录 Functional Test 脚本"●●●●●，打开如图 7-7 所示的记录 Functional Tester 脚本对话框；选择文件夹（项目）、输入脚本名称后，单击"下一步"按钮。

（3）在如图 7-8 所示的"选择脚本资产"对话框中，测试对象图选择"专用测试对象图"。单击"完成"按钮。

（4）此时开始 RFT 将记录操作脚本。系统弹出如图 7-9 所示的"正在记录"窗口。

第7章 Function Tester 的基本使用 125

图 7-7 记录 Functional Test 脚本对话框

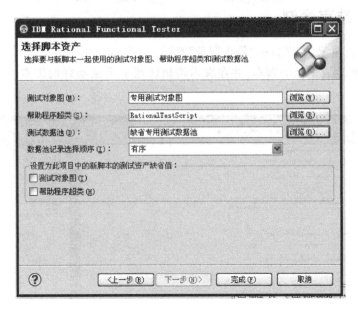

图 7-8 选择脚本资产对话框

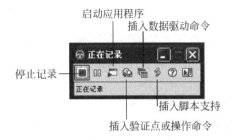

图 7-9 正在记录窗口

7.2.2 启动应用程序，执行用户操作

（1）启动被测试应用程序。

在图 7-9 所示窗口中单击"启动应用程序"图标，打开如图 7-10 所示的"启动应用程序"对话框，在对话框中选择应用程序名称，单击"确定"按钮。

（2）执行用户操作。

这里以测试人事管理系统中添加部门的功能为例进行说明，按以下的步骤进行操作。

① 单击"部门管理→增加"；
② 输入部门名称：school of computer；
③ 单击"保存"；
④ 在弹出的消息窗口，单击"确定"；
⑤ 单击"返回"；
⑥ 单击应用程序"关闭"按钮关闭程序。

图 7-10 启动应用程序对话框

7.2.3 结束录制

（1）单击"正在记录"窗口的"停止记录"图标。

（2）RFT 将生成记录的脚本，并在脚本编辑区域显示录制好的脚本，主要的脚本代码如图 7-11 所示。

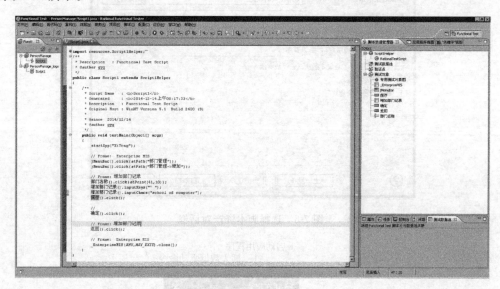

图 7-11 脚本代码

主要的脚本代码如下：

```
public void testMain(Object[] args)
{
    startApp("XiTong");
```

```
    // Frame: Enterprise MIS
    jMenuBar().click(atPath("部门管理"));
    jMenuBar().click(atPath("部门管理->增加"));

    // Frame: 增加部门记录
    部门名称().click(atPoint(41,10));
    增加部门记录().inputKeys("^");
    增加部门记录().inputChars("school of computer");
    保存().click();

    //
    确定().click();

    // Frame: 增加部门记录
    返回().click();

    // Frame: Enterprise MIS
    _EnterpriseMIS(ANY,MAY_EXIT).close();
}
```

7.2.4 运行脚本,查看日志

1. 运行脚本

Rational Functional Tester 脚本能够在命令行、Rational TestManager 或直接在 Rational Functional Tester 中运行。直接在 Rational Functional Tester 中运行脚本需先在"Functional Test 项目"浏览器中选择要运行的脚本,然后在 RFT 工具栏中选择"运行 Functional Test 脚本",或选择菜单"脚本→运行",输入该脚本的日志名称,单击"完成"。

运行 Rational Functional Tester 脚本时,出现"回放监视窗口"显示脚本记录的动作,运行完成后,显示测试日志 log 文件。脚本 Script1 回放后产生的测试日志如图 7-12 所示。

图 7-12　Script1 日志

2. 查看日志

Rational Functional Tester 能以文本形式、HTML 形式显示日志记录。通过单击菜单"窗口→首选项",打开图 7-13 所示的首选项窗口,单击 Functional Tester 前的[+],单击回放,单击日志记录,可以设置日志类型。

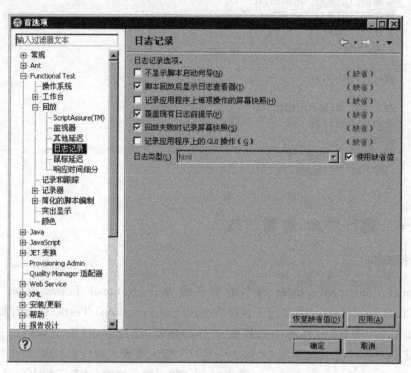

图 7-13　首选项窗口

7.2.5　测试项目项的导入导出

在 Rational Functional Tester 中,可以将测试项目导出以便保存,下次进行测试时先将保存的测试项目导入后再继续进行测试。

(1) 单击 RFT 菜单的"文件"→"导出"。

(2) 在弹出的图 7-14 所示的导出的"选择"窗口中选择"Functional Test 项目项",然后单击"下一步"。

(3) 在弹出的如图 7-15 所示的"选择要导出的项"窗口中选择要导出的项"PersonManage",指定导出目标位置的文件名,单击"完成",即可将项目保存到指定的文件中。

(4) 要导入项目项,在 RFT 的"Functional Test 项目"浏览器中选择要导入项目项的测试项目名,单击 RFT 菜单的"文件"→"导入"。在弹出的如图 7-16 所示的"选择"窗口中选择导入源"Functional Test 项目项",单击"下一步"。

(5) 在图 7-17 所示的"导入项目项"窗口中指定"传输文件"和"选择导入位置",其中"传输文件"为第 3 步中指定的导出目标位置文件名,单击"下一步"。

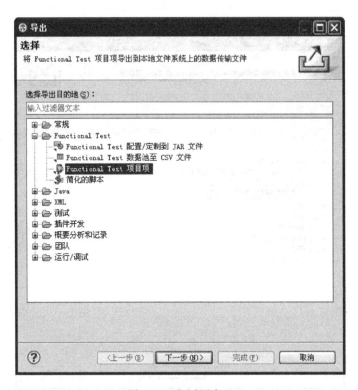

图 7-14 "选择"窗口

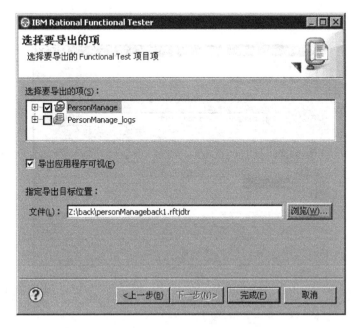

图 7-15 "选择要导出的项"窗口

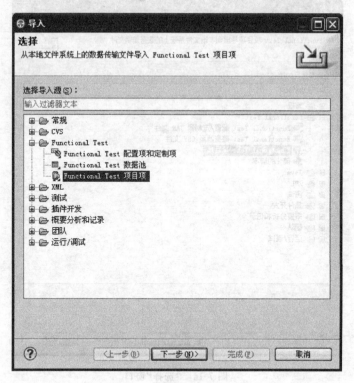

图 7-16 "选择"窗口

图 7-17 "导入项目项"窗口

（6）在图 7-18 所示"选择要覆盖的项"窗口中指定要导出的项,单击"完成"。

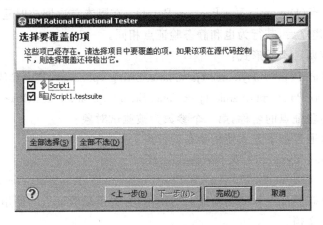

图 7-18 "选择要覆盖的项"窗口

7.3 验证点的使用

在 Functional Tester 中,验证点(Verification Point)是脚本(Script)中非常重要的组成部分,它完成被测试程序生成的实际值和期望值即基线的比较,并将比较结果写入日志。验证点执行时,Functional Tester 会自动比较被测试程序生成的实际值和期望值是否一致,如果一致,则测试结果为成功(Pass),否则为失败(Failed)。

7.3.1 验证点的类型

Rational Functional Tester 提供了多种形式的验证点。

（1）静态验证点(Static Verification Point)：在录制(Record)脚本的过程中通过向导插入,在脚本回放(Playback)时被验证。

（2）手动验证点(Manual Verification Point)：如果验证点所要验证的内容是由脚本开发人员在脚本中所提供的,则需要建立手动验证点对其进行验证。例如：待验证的数据来自外部数据源,这时脚本开发人员需将数据读取后以参数的形式显式传给验证点。

手动验证点有两种声明形式：

① IFtVerificationPoint vpManual (java.lang.String vpName, java.lang.Object actual),其中第一个参数为验证点的名称,第二个参数为被测试对象。

② IFtVerificationPoint vpManual (java.lang.String vpName, java.lang.Object expected, java.lang.Object actual),其中第一个参数为验证点的名称,第二个参数则为期望数据,第三个参数为实际数据即被测试对象。

在脚本中可以通过如下方式使用手动验证点：

① vpManual("VP1", "The object under test").performTest();

脚本回放时,判断被测试对象和基准线(Baseline)是否一致。如果基准线所对应的文件尚不存在,则将当前被测试对象作为基准线存入磁盘。

② vpManual("VP1", "Expected object", "The object under test").performTest();

脚本回放时，直接比较期望数据和实际数据，并将比较的结果写入日志。

（3）动态验证点（Dynamic Verification Point）：在脚本首次回放时建立，建立的方法同静态验证点，且在建立后，其行为也和静态验证点相同。

动态验证点有两种声明形式：

① IFtVerificationPoint vpDynamic (java. lang. String vpName)，其中参数为验证点的名称。

② IFtVerificationPoint vpDynamic (java. lang. String vpName，TestObject objectUnderTest) 其中第一个参数为验证点的名称，第二个参数为被测试对象。

在脚本中可以通过如下方式使用动态验证点：

① vpDynamic ("dynamic1"). performTest();

② vpDynamic ("dynamic1", AnAWTButtonButton()). performTest();

本章仅介绍静态验证点和动态验证点的使用，有关手动验证点的使用，有兴趣的读者可查阅该软件的帮助文档。

7.3.2 验证点操作向导

Functional Tester 中，静态验证点在录制脚本时通过验证点操作向导插入脚本。下面通过录制一个带验证点的脚本的完整过程来说明 Functional Tester 中静态验证点的使用。该脚本用来验证增加员工时，选择员工的部门编号后，能否正确地显示出对应的部门名称。

（1）在 RFT 的"Functional Test 项目"区选中项目 PersonManage，单击 RFT 工具栏上的"记录 Functional Test 脚本"，打开"记录 Functional Test 脚本"对话框，输入脚本名字如"AddPerson_VP1"，单击"完成"按钮。

（2）启动测试应用程序。

（3）选择"教职工管理"→"增加"。

（4）输入编号：2001，姓名：Tom，选择部门编号 1002。

（5）插入验证点。

① 单击录制工具条的"插入验证点或操作命令"按钮，出现图 7-19 所示的"验证点和操作向导"窗口；

② 选择对象。选择对象的方法有三种。

- 拖动手形选择：拖动对象查找器至被验证对象。
- 测试对象浏览器：Rational Functional Tester 将对象映射于浏览器，分等级地显示每个对象，脚本开发人员可以方便地进行选择。
- 时间延迟的选择：用来配置一定时间的延迟，以等待特定控件的出现。如果该控件在指定的时间内没有出现，Rational Functional Tester 将抛出一个引起故障的异常，记录在日志中。

常用拖动手形的方法选择测试对象。拖动对象查找器：🖐 至验证点 School of Mathematical Sciences。

③ 选择操作。当红色的方框出现并包围 School of Mathematical Sciences 时，释放鼠标，出现如图 7-20 所示的"选择操作"窗口。

④ 单击"下一步"，出现如图 7-21 所示的窗口。

⑤ 单击"下一步"，出现如图 7-22 所示的窗口。

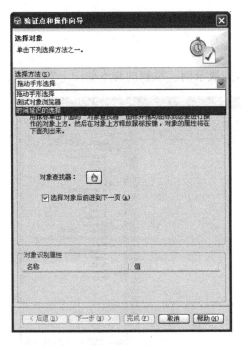

图 7-19 "验证点和操作向导"窗口

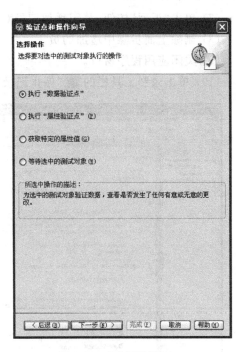

图 7-20 "选择操作"窗口

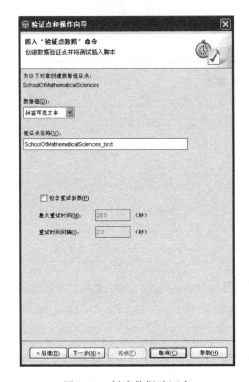

图 7-21 创建数据验证点

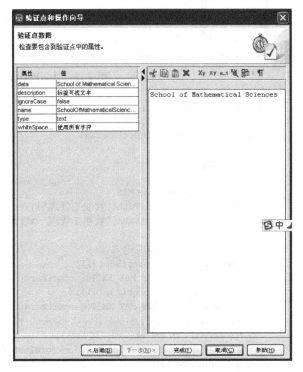

图 7-22 检查验证点的属性

⑥ 单击"完成"按钮。
（6）单击"保存"按钮，弹出增加记录成功的对话框，单击"确定"按钮关闭对话框。

(7) 单击"返回"按钮,关闭增加记录对话框。
(8) 删除上面步骤中增加的员工。
(9) 关闭应用程序窗口。
(10) 单击录制工具栏的 ■ "停止记录"按钮,完成录制。录制的脚本如图 7-23 所示。

图 7-23　AddPerson_VP1 脚本

主要的脚本代码如下:

```
public void testMain(Object[] args)
{
    startApp("XiTong");

    // Frame: Enterprise MIS
    jMenuBar().click(atPath("教职工管理"));
    jMenuBar().click(atPath("教职工管理->增加"));

    // Frame: 增加教职工记录
    _编号().click(atPoint(58,12));
    增加教职工记录(ANY,MAY_EXIT).inputChars("4001");
    _姓名().click(atPoint(23,14));
    增加教职工记录(ANY,MAY_EXIT).inputChars("Tom");
    jComboBox().click();
    jComboBox().click(atText("1004"));
    schoolOfMathematicalSciences().performTest(SchoolOfMathematicalSciences_textVP());
    保存().click();

    //
    确定().click();

    // Frame: 增加教职工记录
```

```
返回().click();

// Frame: Enterprise MIS
jMenuBar().click(atPath("教职工管理"));
jMenuBar().click(atPath("教职工管理->删除"));

//
optionPaneComboBox().click();
optionPaneComboBox().click(atText("4001------ Tom"));
确定 2().click();

//
确定 3().click();

// Frame: Enterprise MIS
_EnterpriseMIS(ANY,MAY_EXIT).close();
}
```

(11) 回放脚本。

(12) 查看日志。日志文件如图 7-24 所示。

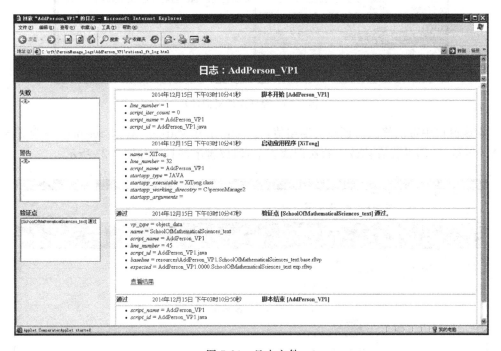

图 7-24　日志文件

单击"查看结果",打开如图 7-25 所示的验证点编辑器。在该窗口中列出了基线文件名(BaselineFileName)和期望值。

7.3.3　验证点比较器

"脚本资源管理器"中列出了脚本中的验证点,双击验证点名称 School of Mathematical Sciences_text(该名称可在录制脚本时使用默认的名称或自己设定),打开如图 7-26 所示的验证点编辑器。

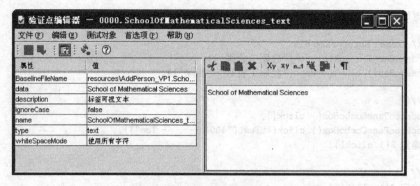

图 7-25 验证点编辑器(1)

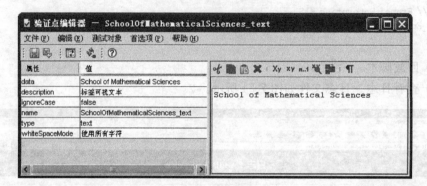

图 7-26 验证点编辑器(2)

在该窗口中可以修改验证点的期望值,将 School of Mathematical Sciences 改为 School of Mathematical,并保存修改。再次回放脚本,回放脚本的日志如图 7-27 所示。

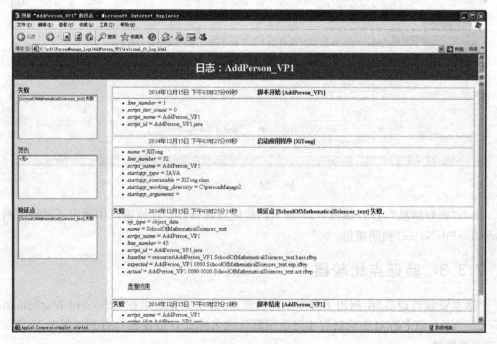

图 7-27 日志文件

单击查看结果,显示如图 7-28 所示的验证点比较器窗口,在该窗口中列出了"期望的值"和"实际值",由于两者不相同,所以验证点失败。如果想将实际值设置为期望值,"文件"菜单中的"替换"命令可以完成该功能,此时系统将更改基线文件。

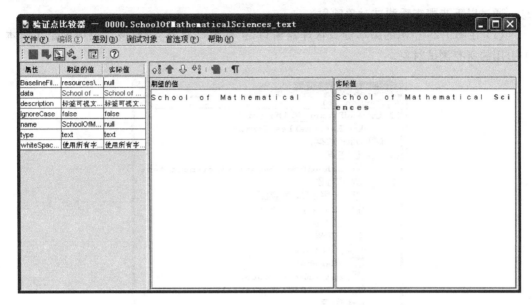

图 7-28 验证点比较器

7.4 测试对象映射和对象识别

7.4.1 测试对象映射

Functional Tester 在自动生成测试脚本的同时,也创建了一系列对象,这些对象包含在测试对象映射里,脚本中包括对这些测试对象的引用。本节主要介绍在应用程序变更时,测试对象映射对增加测试脚本回放弹性所扮演的角色。

1. 什么是测试对象映射

Functional Tester 测试对象映射是一个静态视图,描述了 Functional Tester 能够识别的被测试应用程序中的被测试对象。每个 Functional Tester 脚本都必须与一个测试对象映射文件相关联。一个测试对象映射可以是专用的(*.rftxmap),即仅仅与一个脚本相关联,也可以是共用的(*.rftmap),与一个或者多个脚本相关联。

录制脚本时,Functional Tester 建立一个专用的测试对象映射,或者使用一个已存在的共享测试对象映射。

Functional Tester 中可以通过测试对象映射向脚本快速添加测试对象。测试对象映射包含被测试对象的多种信息,如果在一个测试对象映射中更改了某个对象的信息,那么任何引用了该测试对象映射的脚本都将共享该更新的信息,从而减少了脚本编辑的工作量。

2. 查看测试对象映射

通过查看测试对象映射,可以查看 Functional Tester 从应用程序中捕获的 GUI 对象信息。通过以下步骤查看测试对象映射。

(1) 在图 7-29 所示的脚本资源管理器窗口,扩展测试对象目录,该目录中列出了脚本中引用的所有测试对象。

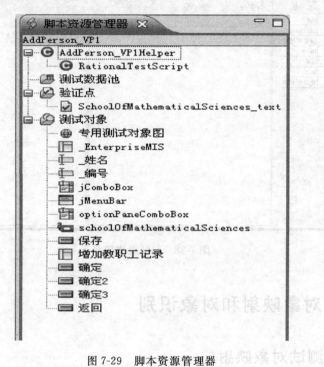

图 7-29 脚本资源管理器

(2) 双击要查看的测试对象映射或者某个测试对象,打开脚本的专用测试对象映射窗口。

(3) 在脚本的专用测试对象映射窗口单击某个对象,查看该对象的信息。
- 识别标签:显示出在脚本执行期间用于识别对象的信息。
- 管理标签:显示出测试对象的内部管理信息。这些属性被用来管理和描述测试对象。更新这个标签中的属性将会影响到使用这个测试对象的脚本程序代码。

7.4.2 建立并使用测试对象映射

1. 建立一个共用的测试对象映射

(1) 选择菜单"文件→新建"→"测试对象映射"。

(2) 在打开的创建测试对象映射窗口选择文件夹,输入映射名称。

说明:可以选中复选框将该测试对象映射设置为新脚本的缺省选择,即在录制或建立一个新脚本时,Functional Tester 使用这个测试映射作为缺省的测试对象映射。

(3) 单击"下一步"按钮。

(4)出现将测试对象复制到新的测试对象映射窗口,根据需要进行选择。
① 需要建立一个空的测试对象映射。
- 单击"不复制任何测试对象"。
- 单击"完成"按钮。
② 需要建立一个使用一个或多个已经存在的测试对象映射作为范本的测试对象映射。
- 单击"选择"要从中复制对象的测试对象映射和脚本。
- 选择测试对象映射和脚本。
- 单击"完成"按钮。

(5)出现如图7-30所示的测试对象映射窗口。

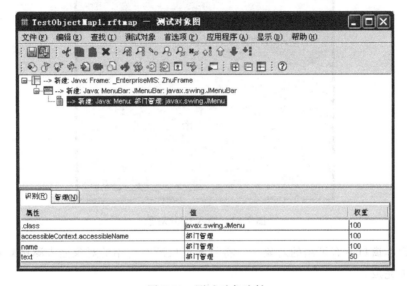

图 7-30　测试对象映射

2．向测试对象映射中加入测试对象

建立测试对象映射后可以向其中加入测试对象,启动包含该测试对象的应用程序,选择对象加入对象映射。具体操作步骤如下:

(1)从测试对象映射窗口的菜单中,单击"应用程序"→"运行"打开选择应用程序对话框。

(2)在应用程序名称区,选择某个应用程序(该应用程序中包含你想要加入的测试对象),并单击"确定"。

(3)从测试对象映射窗口的菜单中,单击"测试对象"→"插入对象"。

(4)Functional Testerer 打开如图 7-31 所示将 GUI 对象插入对象映射对话框。

(5)单击对象查找器图标 ,并将它拖到你想要加入到测试对象映射中的对象上。

① 出现选择对象选项页面,选择下列选项之一:
- 仅选中的对象——仅将选中的对象插入到测试对象映射中。
- 包含所选中对象的兄弟对象——将选中的对象及其直接子对象插入到测试对象映射中。

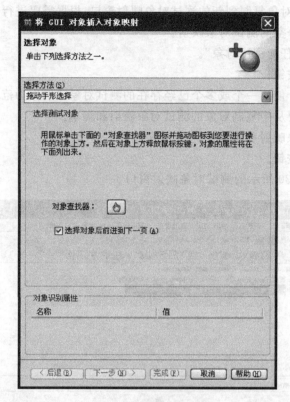

图 7-31 插入 GUI 对象

- 包含本窗口所有可用的对象——将目前窗口所有可用的对象插入测试对象映射中。
② 单击完成。
③ 如果有必要,重复上面的步骤加入其他的对象。
(6) 单击测试对象映射窗口工具栏中的保存 按钮,保存测试对象图。
(7) 如果有必要,编辑对象的信息。

3. 利用测试对象映射,将测试对象加入到脚本中

建立脚本时,可以选择与新脚本一起使用的测试对象映射,测试对象映射可以是专用测试对象映射或共用测试对象映射(扩展名为.vrftmap 的文件)。利用共用测试对象映射,可以将测试对象加入到脚本中。操作步骤如下:

(1) 打开共用测试对象映射;
(2) 为了将共用测试对象映射中的测试对象加入到多个脚本:
① 单击测试对象映射窗口的菜单"测试对象"→"关联的脚本"。
② 在关联的脚本对话框,选择你想要向其中加入测试对象的脚本,并单击"确定"。
(3) 在测试对象映射窗口中,选择你想要包含在测试脚本中的测试对象;
(4) 单击测试对象映射的工具栏按钮:添加到脚本 或菜单"测试对象"→"添加到脚本"。测试对象将被加入到脚本资源管理器中;
(5) 在脚本编辑器中,将鼠标的光标放置在你想要加入对象的地方;

(6) 在脚本资源管理器中，右键单击要在脚本中应用的对象，单击在光标处插入；

(7) Functional Testerer 列表显示该对象可用的方法，双击你想使用的方法。

7.4.3 对象识别

1．识别权重

"识别"标签里列出了 Rational Functional Tester 在录制脚本时捕获的对象属性，通常包括．class、．classIndex、．priorLabel、name 等，回放脚本时 Functional Tester 利用这些属性寻找该对象并对它进行操作。

每一个属性都有一个相应的识别权重，权重值从 0 到 100，决定该属性的重要程度，如．name 属性（权值 100）的重要程度是．priorlabel 属性（权值 25）的四倍，用户可以灵活调节权值大小。

2．对象识别计分

Rational Functional Tester 回放脚本时，对测试对象不是精确的在应用程序里匹配，而是用一个评分系统在应用程序里寻找最和对象映射里匹配的对象。Rational Functional Tester 将对象映射里的对象属性和应用程序里的目标对象属性比较。在比较结束的时候，每个匹配候选都会收到一个基于每个属性权重的识别记分。例如，如果匹配候选与对象图中的某个属性值不同，并且这个属性具有一个 100 的权重，那么匹配候选将收到一个值为 10,000 的识别记分。

识别记分反应了匹配候选与对象映射中的对象的差异程度。一个完美的匹配将收到一个值为 0 的记分，这意味着两个对象完全相同。一个与对象图中对象差异很大的匹配候选将收到一个值很高的记分。如果该分数在一个可以接受的容忍值内，那么就对该对象进行操作。

3．ScriptAssure™

ScriptAssure™意味着即使被测试应用程序的 GUI 对象发生微小变化，脚本回放仍然成功，从而节约脚本维护成本。

可以通过："窗口"→"首选项"→Functional Tester→"回放"→ScriptAssure(TM)对 ScriptAssure 进行设置。ScriptAssure 设置分为标准和高级两种。

标准的 ScriptAssure 设置包括识别级别和警告级别。

识别级别决定了 Functional Tester 确定一个对象的识别属性与匹配候选之间差异的严格程度。用户可以在容许与严格间进行选择。

警告级别决定了在哪一个点上 Functional Tester 将向测试日志报告一个匹配差异。

4．举例说明 Rational Functional Tester 在脚本回放时识别测试对象的技术

(1) 打开 7.2 节简单的 Rational Functional Tester 脚本中录制的脚本 Script1；

(2) 双击脚本资源管理器中该脚本的专用测试对象图，打开 Script1 脚本的专用测试对象图如图 7-32 所示；

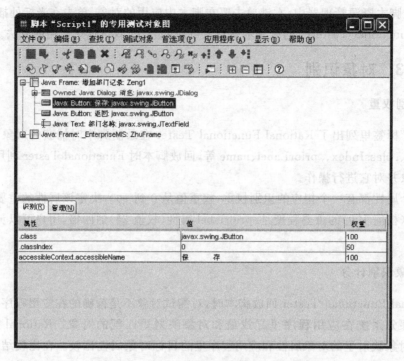

图 7-32 Script1 脚本的专用测试对象图

（3）修改测试对象 Java：Button：保存：javax. swing. JButton 识别标签中的 accessibleContext. accessibleName，将其值"保存"改为"保 存"，如图 7-32 所示；

（4）单击"窗口"→"首选项"→Functional Tester→"回放"→ ScriptAssure（TM）对 ScriptAssure 进行设置，单击"高级"按钮，将"如果接受的分数大于以下数字，则发出警告"项右侧的使用缺省值取消，并在文本框中输入 100，如图 7-33 所示；

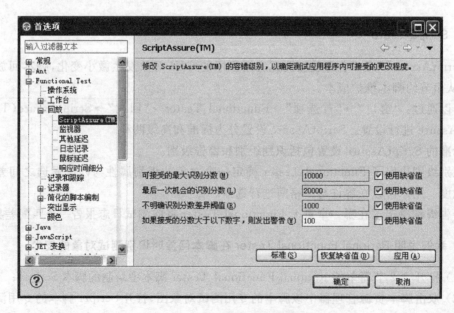

图 7-33 ScriptAssure(TM)设置

(5) 回放脚本 Script1；

(6) 查看日志，如图 7-34 所示。

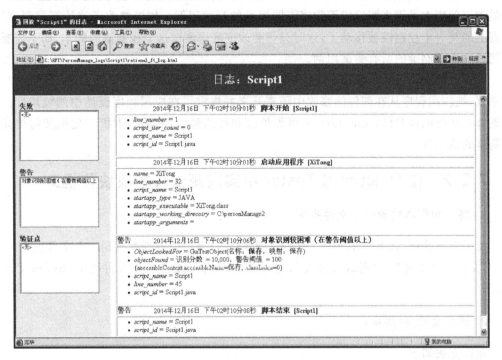

图 7-34　日志信息

日志中有一个警告：对象识别较困难（在警告阀值以上）。按钮对象"保存"的 accessibleContext.accessibleName 属性值在测试对象图中为"保存"，而在应用程序中为"保存"，因此回放脚本时，该对象将收到一个较高的识别分数。双击测试对象"保存"打开测试对象映射，将该对象的 accessibleContext.accessibleName 属性的权重值改为 0，关闭对象映射，运行脚本，复选框对象基于 accessibleContext.accessibleName 属性的识别计分将为 0，将会很容易识别到该对象。

7.5　测试脚本模块化框架

模块化测试脚本框架是一种基本的测试自动化框架。一个测试自动化框架就是一个由假设、概念以及为自动化测试提供支持的实践的集合。软件测试自动化框架使得测试脚本的维护量减至最少。

7.5.1　测试脚本模块化框架

测试脚本模块化框架（The Test Script Modularity Framework）首先创建能够代表测试下应用程序（application－under－test）的模块，零件（Section）和函数的小的、独立的脚本。然后用一种分级的方式将这些小脚本组成更大的测试，实现一个特定的测试用例。

以自动化测试 Windows 计算器程序，测试其基本功能（加、减、乘和除）为例。脚本层次结构的最下层是独立测试加减乘除的脚本,层次结构中上层的两个脚本用来代表视图菜单中的标准视图和科学视图,这两个脚本调用最下层测试加减乘除的脚本。最后,在层次结构中最顶层的脚本是用来测试应用程序不同视图的测试用例。如果修改了该计算器程序,计算器上的某一个控制键被移动了,这时只需要改变底层测试这个控制键的脚本,而不需要修改测试这个控制键的所有测试用例。

在所有的测试自动化框架中,这种框架是最容易精通且掌握的。它应用了抽象或封装的原则,把应用程序从在部件的修改中隔离开来并规定了在应用程序设计中的模块性。为了提高自动化测试套件(test suite)的可维护性和可测量性,测试脚本模块化框架需提高各个脚本的独立性。

7.5.2 在 Functional Tester 中实现测试脚本模块化框架

1. 将一组脚本放到一个文件夹中

为了方便管理,在 Functional Tester 中可以将一组相关的脚本放到一个文件夹中。
"文件"→"新建"→"测试文件夹",新建脚本时输入或者选择文件夹时选择该文件夹即可。

2. 调用文件夹(脚本)

操作方法如下。
(1) 编辑脚本时。
- 调用文件夹中的所有脚本;
- 鼠标右键单击文件夹,将包含的脚本作为 callScript 插入;
- 调用脚本:鼠标右键单击脚本,作为 callScript 插入;
- 直接编写代码:callScript("脚本文件名")。

(2) 录制脚本时。
- 单击录制工具条的插入脚本支持命令按钮 ;
- 单击调用脚本标签;
- 输入脚本名,或在列表中选择要调用的脚本;
- 单击插入代码。

7.6 数据驱动测试

数据驱动测试脚本技术将测试用例存储在独立的数据文件中,对测试进行数据驱动时,脚本会对应用程序关键输入字段使用变量而不是字面值。数据驱动的测试会使用来自外部文件(数据池)的数据作为测试的输入。数据池是相关数据记录的集合,该集合在测试脚本回放过程中提供测试脚本内变量的数据值,使用数据驱动测试技术的优势在于其将数据与测试脚本分离,实现在不修改测试脚本的情况下,通过更新测试数据完成对测试用例的增加、修改和删除。对数据驱动测试的支持是 RFT 的重要特性之一。

7.6.1 创建数据驱动测试

假设现在准备增加三个新员工,员工部分主要信息如表 7-1 所示。我们可以创建一个数据驱动测试脚本,编辑数据池数据,回放脚本时数据池迭代三次即可增加三条记录。具体步骤如下:

表 7-1 准备增加的三个员工的部分主要信息

员工编号	员工姓名	部门编号	部 门 名 称
2001	Tom	1002	School of Mathematical Sciences
3001	Bob	1003	School of Electronic and Information
4001	Kathy	1004	School of Foreign Languages

1. 记录一个插入数据驱动命令的脚本

(1)记录一个名为 AddPerson_DP1 的 Functional Test 脚本;
(2)启动应用程序;
(3)单击"教职工管理"→"增加",打开"增加教职工记录"窗口;
(4)输入编号:2001,姓名:Tom;
(5)单击录制工具栏的"插入数据驱动操作",打开"插入数据驱动的操作"窗口,拖动窗口中的手型图标到整个"增加教职工记录"窗口,"增加教职工记录"窗口被红色线框包围时,释放鼠标,出现如图 7-35 所示的选择测试对象窗口;

图 7-35 选择测试对象窗口

(6) 单击"确定"退出插入数据驱动的操作。

2. 插入一个具有数据池引用的验证点

(1) 单击录制工具栏上的"插入验证点或操作命令";

(2) 拖动手型图标到应用程序界面上的部门名称 School of Computer 上,当 School of Computer 周围出现红色线框时,释放鼠标;

(3) 在弹出的选择操作窗口中执行"数据验证点",单击"下一步"按钮,出现如图 7-36 所示的"创建数据验证点"窗口,修改验证点名称为 BM_text;

(4) 单击"下一步"按钮,出现如图 7-37 所示的"检查验证点属性"窗口,单击该窗口的"验证点编辑器"工具栏上的"将值转换为数据池引用";

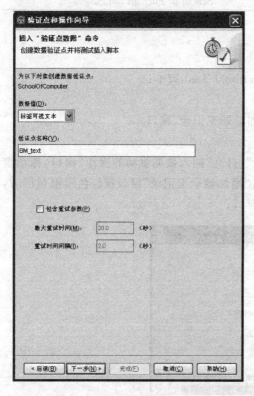

图 7-36 创建数据验证点窗口

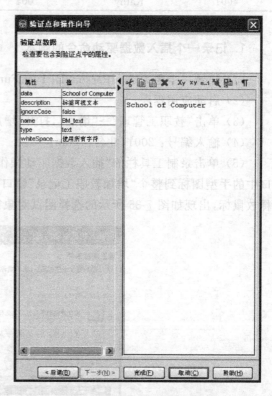

图 7-37 检查验证点属性窗口

(5) 弹出"数据池引用转换器"对话框,在"数据池变量"框中键入"BMMC"作为数据池中新的变量名,如图 7-38 所示;

(6) 单击"确定"按钮关闭数据池引用转换器,出现如图 7-39 所示的检查验证点属性窗口,单击窗口中的"完成"按钮;

(7) 在应用程序界面中单击"保存"按钮,在弹出的消息提示框中单击"确定",再单击"返回"按钮,关闭"增加教职工记录"窗口,单击应用程序右上角的"关闭"按钮,

图 7-38 数据池引用转换器对话框

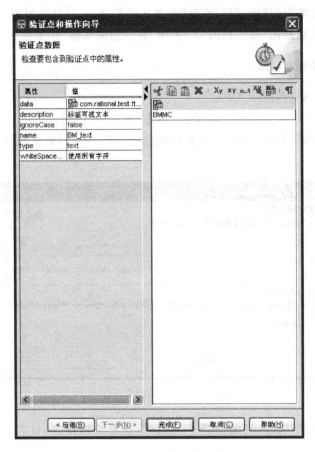

图 7-39　检查验证点属性窗口

关闭应用程序；

（8）停止记录。

3．在数据池中添加数据

（1）双击测试数据池标题栏来扩展"数据池编辑器"；

（2）在"数据池编辑器"中右键单击第"0"行中的任意一个数据项，选择"插入记录"添加一条空行到数据池中，然后再添加一条空行；

（3）将有数据的行的内容复制到其他两条空行中；

（4）根据表 7-1 中的数据修改数据池中的_编号、_姓名、JComboBox6（该列为部门编号）、BMMC 列的值，如图 7-40 测试数据池所示；

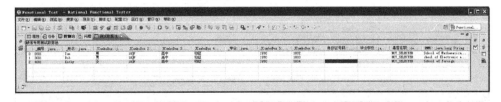

图 7-40　测试数据池

(5) 双击"测试数据池"标题栏,恢复"数据池编辑器"到其停靠视图;
(6) 单击"测试数据池"标题栏的"X"关闭"数据池编辑器"并保存更改。

4. 运行脚本并观察结果

(1) 运行脚本 AddPerson_DP1;
(2) 命名测试日志为 AddPerson_DP1,单击"下一步"按钮;
(3) 在弹出的如图 7-41 所示的"指定回放选项"窗口中的"数据池迭代计数"选择 3,单击"完成"按钮;

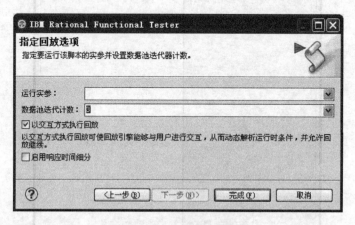

图 7-41 指定回放选项窗口

(4) 观察测试脚本执行,当测试脚本完成时,查看测试日志,日志中有三个验证点,如图 7-42 所示。

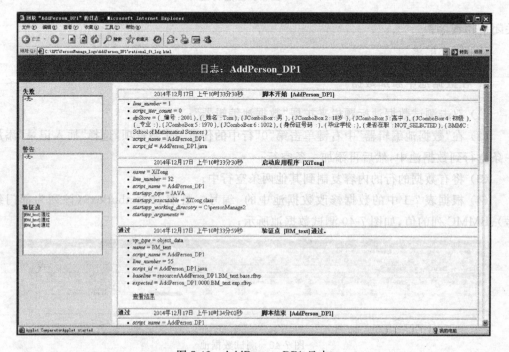

图 7-42 AddPerson_DP1 日志

7.6.2 导入数据池

为简化数据池中数据的编辑工作,RFT 支持对外部数据池的导入,首先创建好数据池,再将编辑好的外部数据导入到数据池中,记录测试脚本并关联数据池到测试脚本,更改验证点的引用,将脚本中的字面值改为数据池变量,具体步骤如下。

1. 创建数据池并导入外部数据

(1) 在 RFT 主菜单中单击"文件"→"新建"→"测试数据池";

(2) 在"创建测试数据池"对话框的数据池名称中输入:AddPersonData,单击"下一步"按钮;

(3) 在"导入数据池"对话框中,浏览并选择文件 C:\PersonManage2\AddPerson.csv,单击"完成"按钮;

(4) 在打开的"测试数据池编辑器"中查看数据是否已正确导入,如图 7-43 所示;

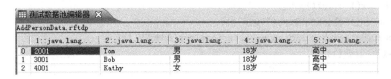

图 7-43 AddPerson_Data 数据池

(5) 在"测试数据池编辑器"中,单击包含数字 1 的列标题,弹出"编辑变量"对话框,把名称字段中的"1"改为"BH",如图 7-44 所示,然后单击"确定"按钮;

(6) 编辑以下变量的变量名:2 改为 XM,9 改为 BMBH,13 改为 BMMC;

(7) 保存数据池。

2. 记录测试脚本

(1) 记录一个名为 AddPerson_DP2 的 Functional Test 脚本(记录脚本前将应用程序中已经添加的员工记录删除);

图 7-44 编辑数据池变量

(2) 启动应用程序;

(3) 单击"教职工管理"→"增加",打开"增加教职工记录"窗口;

(4) 输入编号:2001,姓名:Tom,部门编码:1002;

(5) 单击录制工具栏上的"插入验证点或操作命令";

(6) 拖动手型图标到应用程序界面上的部门名称"School of Mathematical Sciences"上,当"School of Mathematical Sciences"周围出现红色线框时,释放鼠标;

(7) 在弹出的选择操作窗口中选执行"数据验证点",单击"下一步"按钮,出现如图 7-36 所示的"创建数据验证点"窗口,修改验证点名称为 BMMC,单击"下一步",单击"完成"按钮;

(8) 在应用程序界面中单击"保存"按钮,在弹出的消息提示框中单击"确定",再单击

"返回"按钮关闭"增加教职工记录"窗口,单击应用程序右上角的"关闭"按钮关闭应用程序;

(9) 停止记录。

脚本代码类似于如下代码:

```
public void testMain(Object[] args)
{
    startApp("XiTong");

    // Frame: Enterprise MIS
    jMenuBar().click(atPath("教职工管理"));
    jMenuBar().click(atPath("教职工管理->增加"));

    // Frame: 增加教职工记录
    _编号().click(atPoint(14,7));
    增加教职工记录(ANY,MAY_EXIT).inputChars("2001");
    _姓名().click(atPoint(35,10));
    增加教职工记录(ANY,MAY_EXIT).inputChars("Tom");
    jComboBox().click();
    jComboBox().click(atText("1002"));
    schoolOfMathematicalSciences().performTest(BMMCVP());
    保存().click();

    //
    确定().click();

    // Frame: 增加教职工记录
    返回().click();

    // Frame: Enterprise MIS
    _EnterpriseMIS().click(atPoint(797,13));
    _EnterpriseMIS(ANY,MAY_EXIT).close();
}
```

3. 关联数据池

(1) 在 Functional Test 项目区中,右键单击 AddPersonData 数据池,然后单击弹出的快捷菜单中的"与脚本关联";

(2) 在"将数据池与脚本关联"对话框中,展开 PersonManage 项目节点,选中 AddPerson_DP2 复选框,然后单击"完成"。

4. 更改验证点的引用

(1) 在脚本资源管理器中,双击 BMMC 验证点打开"验证点编辑器";

(2) 单击"验证点编辑器"工具栏中的"将值转换为数据池引用"按钮,把验证点引用从字面值改为变量;

(3) 在"数据池引用转换器"对话框中,选择"数据池变量"下拉列表中的"BMMC",然后单击"确定";

(4) 保存更改并关闭"验证点编辑器"。

5．脚本中的字面值用变量替换

（1）打开脚本 AddPerson_DP2；

（2）单击 RFT 主菜单中的"脚本"→"查找字面值并替换为数据池引用"；

（3）在弹出的"数据池字面值替换"对话框中单击"查找"按钮，直到字面值框显示"2001"，此时在数据池变量下拉列表中选择"BH"，如图 7-45 所示，单击"替换"按钮；

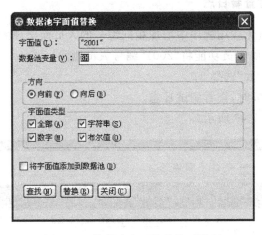

图 7-45　数据池字面值替换对话框

（4）同样地，查找到"Tom"替换成"XM"，查找到"1002"替换成"BMBH"；

（5）单击"关闭"，关闭数据池字面值替换对话框。

修改后的脚本的代码样例如下：

```
public void testMain(Object[] args)
{
    startApp("XiTong");

    // Frame: Enterprise MIS
    jMenuBar().click(atPath("教职工管理"));
    jMenuBar().click(atPath("教职工管理->增加"));

    // Frame: 增加教职工记录
    _编号().click(atPoint(14,7));
    增加教职工记录(ANY,MAY_EXIT).inputChars(dpString("BH"));
    _姓名().click(atPoint(35,10));
    增加教职工记录(ANY,MAY_EXIT).inputChars(dpString("XM"));
    jComboBox().click();
    jComboBox().click(atText(dpString("BMBH")));
    schoolOfMathematicalSciences().performTest(BMMCVP());
    保存().click();

    //
    确定().click();

    // Frame: 增加教职工记录
```

```
    返回().click();

    // Frame: Enterprise MIS
    _EnterpriseMIS().click(atPoint(797,13));
    _EnterpriseMIS(ANY,MAY_EXIT).close();
}
```

6. 运行测试脚本并查看日志

（1）运行脚本（为避免应用程序中增加相同编号的人员而出现的错误提示框，运行脚本前先用应用程序中的删除人员功能将"2001"编号人员删除）；

（2）"数据池迭代计数"选择 3；

（3）当脚本执行完成时，查看测试日志。

测试日志示例如图 7-46 所示。

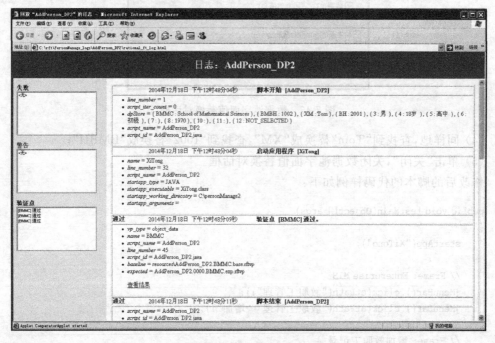

图 7-46　测试日志

7.6.3　导出数据池

若应用程序界面中要输入的内容较多，即要建立的数据池的列数较多，此时可参照 7.6.1 节创建数据驱动测试中的介绍先录制脚本，通过插入数据驱动命令让 RFT 捕获应用程序用户界面上的测试对象并创建数据池，然后导出数据池，在外部编辑器中编辑数据池内容，即利用外部编辑器将测试用例输入到数据池文件中，再参照 7.6.2 节导入数据池将数据导入到脚本关联的数据池中即可方便地完成数据池内容的输入。创建数据驱动测试及导入数据池请参照前两节内容，在此不再赘述，其中导出数据池的具体操作如下：

（1）在新录制的脚本的"脚本资源管理器"中，右键单击"测试数据池"中测试数据池名；

（2）在弹出的快捷菜单中选择"导出"；

（3）在弹出的导出对话框的文件框中输入导出的目标文件名或单击"浏览"按钮选择文件，如图 7-47 所示；

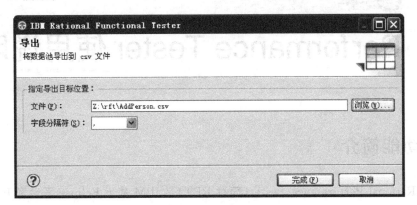

图 7-47　导出对话框

（4）单击"完成"按钮；

（5）打开 Windows 资源管理器，打开导出的目标文件查看，编辑数据内容。

第 8 章

Performance Tester 使用说明

8.1 功能简介

IBM Rational Performance Tester(简称 RPT)是 IBM 基于 Eclipse 平台和开源的测试及监控框架 Hyades 开发出来的最新性能测试解决方案。它可以有效地帮助测试人员和性能工程师验证系统的性能，识别和解决各种性能问题。

本章将结合本书第三部分简易"人事管理系统"测试案例，介绍 RPT 中基本测试项目的建立、验证点的使用、数据池的使用等典型应用。

8.2 工具的基本使用

8.2.1 启动 RPT

从 Windows 开始菜单中，定位到 Rational Performance Tester 菜单项并单击，如图 8-1 所示，启动 RPT，出现图 8-2 所示的工作空间启动程序窗口。

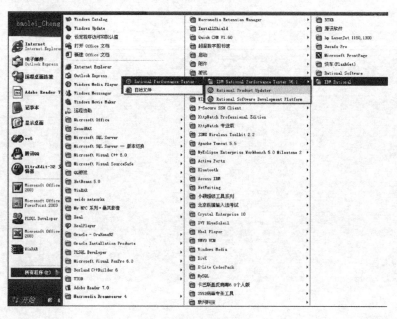

图 8-1 菜单

第8章 Performance Tester 使用说明

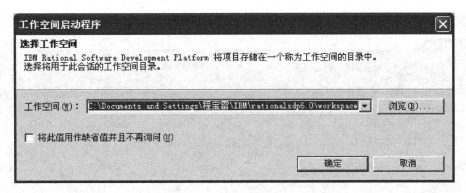

图 8-2 工作空间启动程序

在工作空间选择界面，用户可以改变工作空间的目录。若用户设置了工作空间的目录，新建立的项目将存放在该目录中。如果用户不希望每次都弹出窗口，可以选中如图 8-2 所示左下角的复选框"将此值用作缺省值并且不再询问"。单击"确定"按钮，进入如图 8-3 所示的加载界面。

图 8-3 加载界面

加载完毕，进入 Performance Tester 主界面，该界面类似于 Eclipse 的开发环境。
中间一排按钮为导航栏，如图 8-4 所示，导航按钮依此为：
（1）概述：通过概述，可以了解 Rational Software Development Platform 的所有内容。
（2）新增内容：通过新增内容，可以发现新的功能和改进的功能。

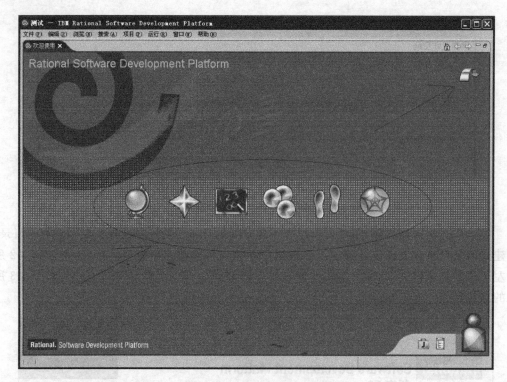

图 8-4　Performance Tester 首页

（3）教程：通过该教程，可以协助完成 Rational Software Development Platform 的相关功能。

（4）样本：通过样本项目研究 Rational Software Development Platform。

（5）第一步：从这里可以学会构建自己的应用程序。

（6）Web 资源：提供相应的 Web 网站，查找相关信息。

单击如图 8-4 所示的右上角的导航按钮，可以转至工作台。

8.2.2　创建测试项目

通常测试脚本由测试项目进行管理，因此在录制性能测试脚本之前，需要首先建立测试项目，如图 8-5 所示。

项目的命名按照标识符的命名规则命名，如建立人事管理系统测试项目，可以命名为 prjPerson，如图 8-6 所示。

单击"完成"，系统询问是否要启动 HTTP 记录器并新建性能测试，如图 8-7 所示。

单击"是"，进入录制脚本的界面，单击"否"，则仅创建测试项目。

8.2.3　录制人事管理系统脚本

下面以本书第三部分案例中提供的简易人事管理系统为例，在已建立的测试项目 prjPerson 的基础上，说明如何录制一个简单的性能测试脚本。

第8章 Performance Tester 使用说明

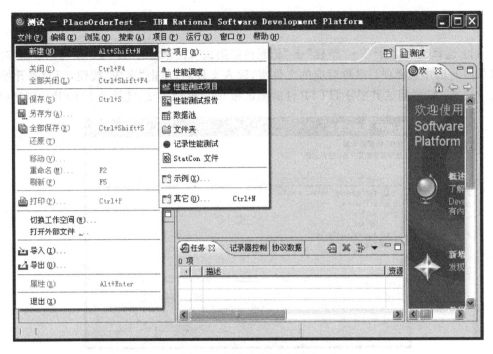

图 8-5 新建性能测试项目

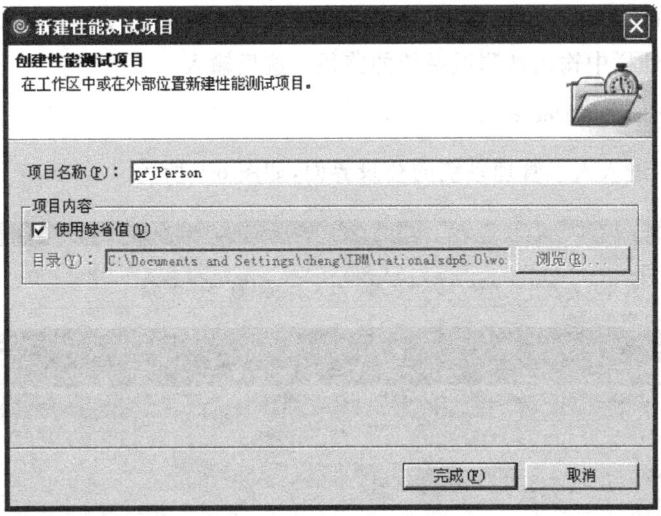

图 8-6 设置项目名称

图 8-7 设置项目名称

1. 记录性能测试

(1) 选择菜单"文件"→"新建"→"记录性能测试",在弹出的"HTTP 代理记录器"对话框(如图 8-8)中选择项目名称对应的文件夹,输入文件名,单击"完成"按钮,记录器开始工作。(注意:性能测试类型分 HTTP 性能测试和 SAP 性能测试,此处选 HTTP 性能测试)

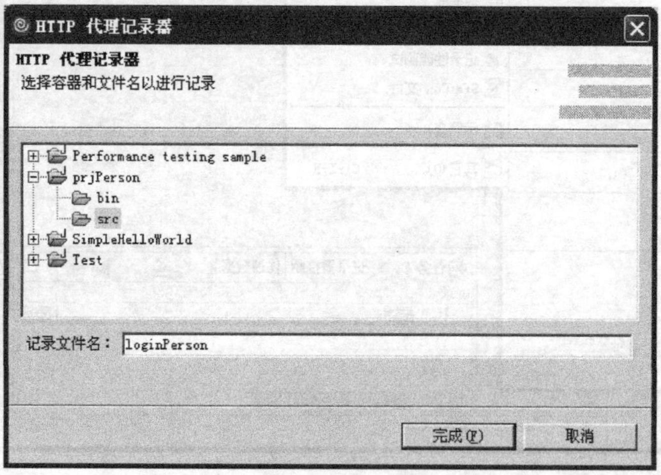

图 8-8 "登录"脚本

(2) 在记录时,RPT 打开浏览器,提示在记录之前删除临时文件和 cookie 文件。在浏览器地址栏中输入被测试系统的路径。这里输入

http://localhost:8080/demo_hr

单击回车键,进入人事管理系统的登录界面,如图 8-9 所示。

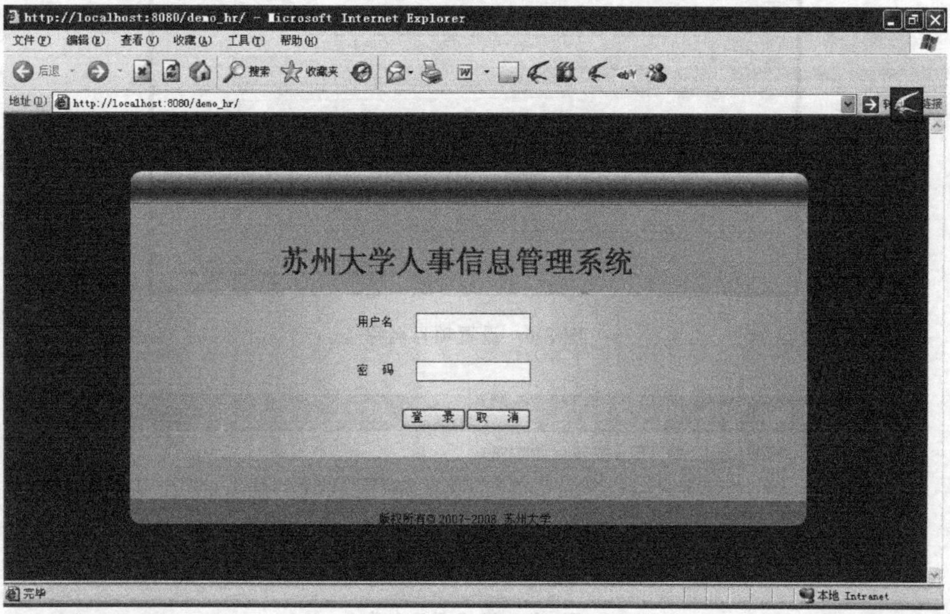

图 8-9 启动人事管理系统

(3)在该界面中输入用户名、密码,如:输入用户名 yx,输入密码 yx,单击"登录"按钮,进行日常的操作。

(4)录制结束后,单击"记录控制器"的"停止记录"按钮或关闭浏览器停止脚本录制。此时记录器停止工作,"记录控制器"视图显示的内容如图 8-10 所示。

图 8-10 录制好脚本的项目

注意:在记录结束后,如果"记录的千字节数"为 0,说明本次录制失败了,必须重新录制,参见图 8-10。

(5)脚本录制结束后将创建三个文件:记录文件(.rec)、模型文件(.recmodel)和测试定义文件(.testsuite)。

2.测试脚本回放

可以通过回放测试脚本验证脚本记录是否成功,这一步骤也适用于"优化测试脚本"步骤。

在左边的"测试导航器"中选择需要回放的测试,单击右键,弹出快捷菜单,选择"运行"→"性能测试",弹出"启动测试"的对话框。你也可以单击"详细信息"按钮来查看启动测试的详细信息。第一次启动测试时,会自动生成测试代码。

如果回放后,"性能报告"界面的"总体"TAB 页中显示"完成",界面中的柱状图都到达100,"错误日志"视图中没有错误提示,说明本测试脚本回放成功了。

8.3 测试验证点的设置举例

验证点（VP）用来验证期望的系统行为是否发生。当包含验证点的测试运行时,如果被期望的行为没有发生,一个错误将被报告出来。

可以通过右键单击页面,在快捷菜单中选择启用相应的验证点。RPT 提供了三种验证点:

1. 页面标题 VP

对预期标题大小写敏感。如图 8-11 所示,箭头指向的验证点,设置为:"登录苏州大学人事管理系统 V0.8"。

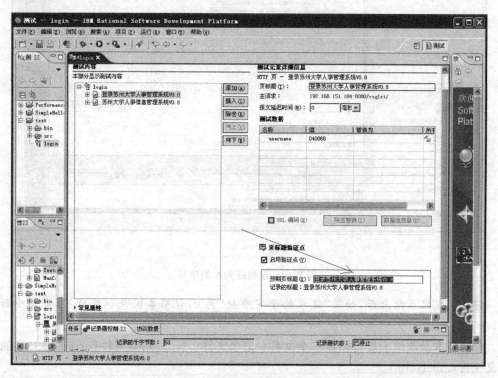

图 8-11　设置页面标题验证点

如果该页面标题内容发生改变,回放脚本时就会在测试报告中出现提示信息。

2. 响应代码 VP

如图 8-12 所示,设置响应代码 VP 后,在每个页面请求的响应下将增加一个"响应代码验证点"的文件夹。

响应代码可以指明具体请求是否成功,及请求失败的具体原因。如 200 － 确定,表示客户端请求已成功；302 － 对象已移动；304 － 未修改；307 － 临时重定向等。

如果匹配方法选择"模糊",记录测试时的响应代码为 200,那么在测试执行时,即使响应代码为 201、202 等也不会报错。

第8章 Performance Tester 使用说明

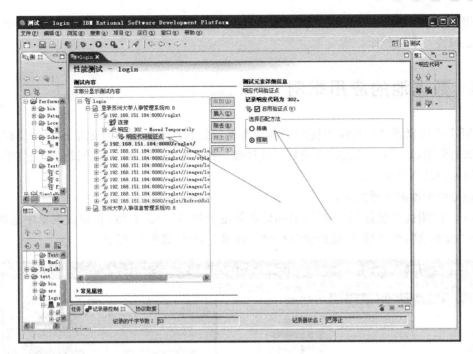

图 8-12 设置响应代码 VP

3. 响应大小 VP

如图 8-13 所示,设置响应代码 VP 后,在页面请求的响应下将增加一个"响应大小验证点"的文件夹。

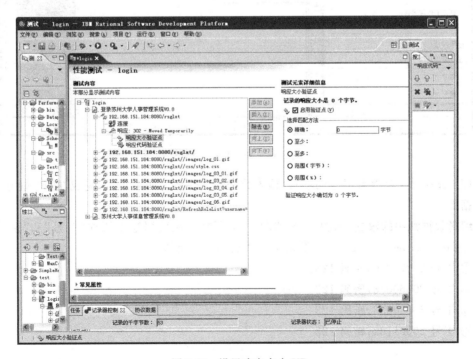

图 8-13 设置响应大小 VP

响应大小的匹配方法可以是精确到多少字节、至少多少字节、至多多少字节、介于一个范围之间或一个百分比。

8.4 数据池的应用举例

RPT中可以通过数据池的使用获得动态更新的数据。数据池将记录过程中捕获的每个单独的数据以一组测试运行中的数据值替换。数据池通过为每一次测试运行提供唯一的数值确保回放的真实性。

创建数据池的步骤如下：

(1) 在"测试导航器"中选择需要创建数据池的项目,单击右键,在快捷菜单中选择"新建"→"数据池",弹出"新建数据池"对话框,如图8-14和图8-15所示。

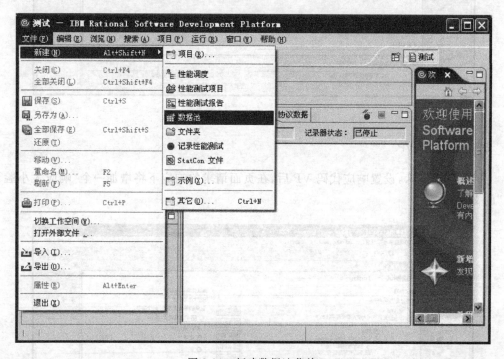

图8-14 新建数据池菜单

(2) 选择用来存放数据池的项目,输入数据池文件名。如果单击"完成"按钮,将创建空的数据池。

编辑数据池中的数据,如图8-16和图8-17所示。在数据池中添加"工号"和"密码"变量,添加row0、row1、row2、row3等价类并添加如下几组值：

① 工号20070060,密码123。

② 工号20060058,密码123。

③ 工号20050038,密码123。

④ 工号20001102,密码123。

第8章 Performance Tester 使用说明 163

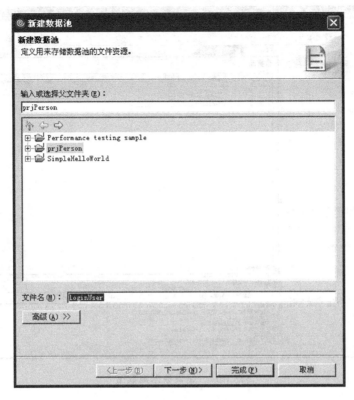

图 8-15 设置数据池名称为 LoginUser

图 8-16 在数据池中增加数据

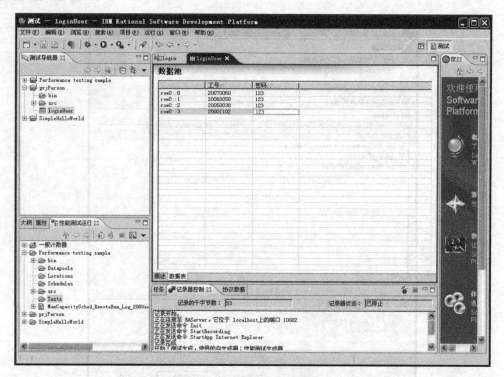

图 8-17 编辑数据池数据

如果需要将数据文件中的数据导入，单击"下一步"按钮，选择需要导入数据的 csv 文件，如图 8-18 所示。如果欲导入的 csv 文件第一行是正常的数据，且第一列没有列名，那么在导入 csv 文件时，"第一行包含变量名和建议类型"和"第一列包含等价类名"选项将被取消选中，如图 8-19 所示。

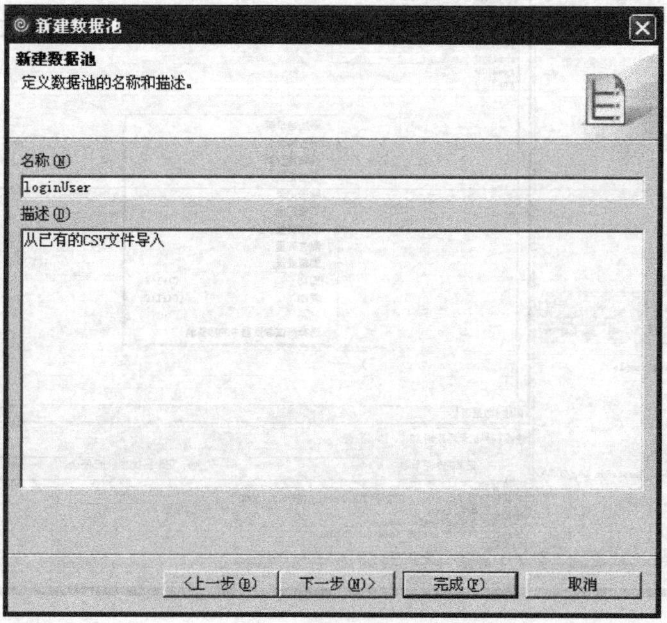

图 8-18 选择要导入的 csv 文件

第8章 Performance Tester 使用说明 165

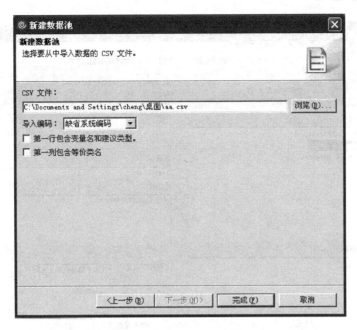

图 8-19 导入 CSV 文件

打开数据池文件,在"概述"Tab 页中显示数据池的一般信息,"数据表"Tab 页显示导入的数据。这里,第一列是等价类信息,性能测试时,这列的内容不需要考虑。

替换数据的步骤如下:

(1) 添加数据池如图 8-20 和图 8-21 所示。

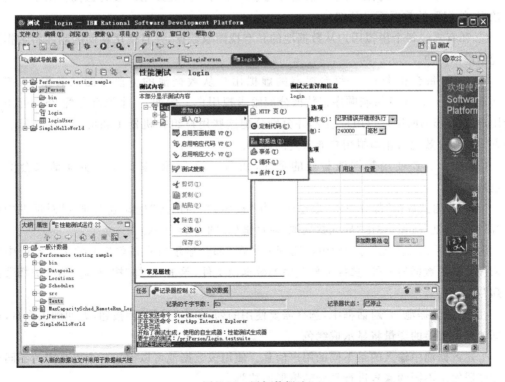

图 8-20 添加数据池

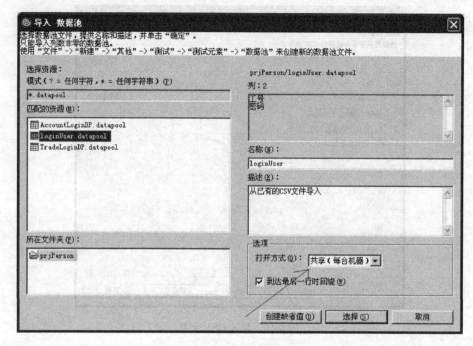

图 8-21 选择数据池

打开方式选项说明：

① 共享（每台机器）——每台机器的虚拟用户从数据池的公共视图取数据，并按照 first-come-first-served 机制顺序把数据分配给虚拟用户。虚拟用户或者迭代将从不同的行取数据，他们取的数据不可预知。

② 私有——每个虚拟用户从数据池的私有视图取数据，并且使用相同的顺序将数据行分配给虚拟用户。

③ 分段（每台机器）——每台机器的虚拟用户从数据池的分段视图取数据，并按照 first-come-first-served 机制顺序把数据分配给虚拟用户。例如，一个调度分配 25％的用户给用户组 1，75％的用户给用户组 2，并分别分配这些用户组在机器 1 和机器 2 上执行。这种方式可以有效地防止虚拟用户取重复的数据。

（2）选择需要使用数据池替换的页面，如图 8-22 所示（窗口里的页面请求会变为绿色）。

（3）在"测试数据"部分单击"数据池变量"按钮，在弹出的"选择数据池列"对话框中单击"添加数据池"按钮，弹出"导入数据池"对话框（如图 8-23 所示）。

（4）在"导入数据池"对话框中，"匹配的资源"部分显示所有目前打开的工作空间中所有未被关联的数据池文件，选择需要关联的数据池文件，单击"选择"按钮，返回到"选择数据池列"对话框。

在"选择数据池列"对话框中，选择需要使用的列，单击"使用列"按钮，返回到工作台，被数据池列所替换的变量将显示成绿色。

上述数据池中输入的是不同的用户信息。使用该数据池可以模拟一个更真实的不同虚拟测试器使用不同的账号进行登录的情形回放脚本。

第8章 Performance Tester 使用说明

图 8-22 选择页面

图 8-23 替换变量

8.5 调度介绍

虽然测试记录过程会占去部分时间，但是准确的性能测试对保证有效的负载来说是必需的，因此，精确地估计实际用户将向系统提交的工作量非常重要。

用户需要根据系统的性能需求设计测试实施工作。RPT 中可以使用性能测试调度表示用户将向系统提交的工作量，这就需要在性能测试调度中进行设置。

新建测试调度的步骤如下：

（1）在"测试导航器"中选择需要新建测试调度的测试项目，单击右键，在快捷菜单中选择"新建"→"性能调度"，弹出"性能调度"对话框，如图 8-24 所示。

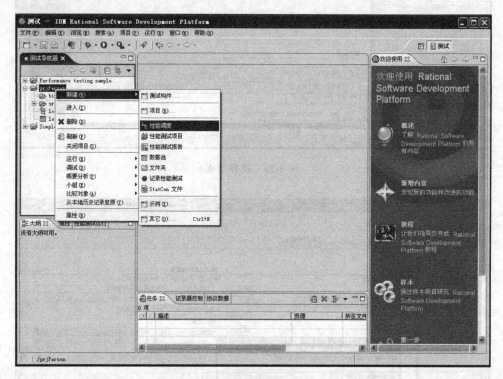

图 8-24 新建"性能调度"

（2）在"性能调度"对话框中，选择性能测试项目对应的文件夹，并输入性能调度文件名，如图 8-25 所示，单击"完成"按钮即可。

新建测试调度后，还需要对测试调度进行设置后才可以运行。设置测试调度的内容如下：

1．根据需要创建用户组

用户组代表访问站点的用户的集合。默认情况下，一个调度默认包含一个用户组。

步骤：

（1）在性能调度编辑界面，右键单击性能调度名，在快捷菜单中选择"添加"→"用

图 8-25　给性能调度设置名称

户组"。

（2）在用户组的调度元素详细信息界面中设置用户组名、组的大小（按照百分比或设置实际用户数）、运行用户组的位置。如创建两组用户：一组为个人用户组 siglUser，一组为院系用户组 groupUser。

2．设置用户组运行的测试

步骤：

（1）右键单击用户组，在快捷菜单中选择"添加"→"测试"，弹出"选择性能测试"对话框。"选择性能测试"对话框中列出了所有在当前工作空间中打开的性能测试项目。

（2）选择用户组需要执行的测试，单击"确定"按钮。这里可以通过 Shift 和 Ctrl 键来实现多选。

3．设置延迟时间

设置延迟时间后，每个测试都会延迟相应的时间，可以方便地控制用户的动作。

步骤：

右键单击用户组，在快捷菜单中选择"添加"→"延迟"，在延迟的调度元素详细信息中设置延迟的时间。

4．设置循环次数，即设置脚本的迭代次数

性能调度只包含了用户组和测试，用户组中的每个测试会按顺序执行。循环提供了比

简单的顺序运行更加复杂的控制。增加循环可以按照一定的迭代重复测试,可以设置测试运行的频度。

步骤:

(1) 右键单击用户组,在快捷菜单中选择"添加"→"循环",在循环的调度元素详细信息中设置迭代次数。

(2) 可以设置迭代速率。迭代速率是指测试运行的速率,如每分钟 4 次迭代。

(3) 设置了循环次数后,为循环添加测试。

5. 设置随机选择器

增加随机选择器,可以随机地重复一系列的测试,模拟真实用户的不同活动。假设一个随机选择器包括两个测试:浏览和下订单。如果分配"浏览"测试权重为 6,"下订单"测试权重为 4,那么每次执行循环时,"浏览"测试有 60% 的机会被选中,"下订单"测试有 40% 的机会被选中。

步骤:

(1) 右键单击用户组,在快捷菜单中选择"添加"→"随机选择器",在随机选择器的调度元素详细信息中设置迭代次数。

(2) 按"添加"按钮,添加加权块,并输入加权块的权重。设置的加权块的权重之和最好等于 1 的倍数。

(3) 设置了随机选择器后,需要为加权块添加测试。

6. 设置调度选项

在定义了工作负载,指定了用户类型以及它们将要执行的操作后,按照下列步骤在运行调度之前指定一些调度层次的选项:

(1) 在性能调度编辑界面,右键单击性能调度名,在性能调度的"调度元素详细信息"界面的"用户负载"部分输入"用户数量"。

(2) RPT 假设系统的所有用户在到达系统后同时开始向服务器提交请求。在有些情况下,为了模拟更符合实际的启动,需要为每个用户增加延迟时间。可以通过在"用户负载"部分选中"在启动每个用户之间添加延迟",并设置延迟时间。

(3) 如果想要让测试调度在运行了一定时间后,自动停止测试,那么可以选中"在经过一段时间之后停止运行调度",并设置停止前经过的时间。

(4) 在记录测试时,在每一页上所花费的时间(Think Time)都会被记录下来。在回放过程中,也可以令所有用户使用这个时间,也可以改变它。如果要修改 Think Time,可以在"报文延迟时间"部分修改报文延迟的持续时间。

(5) 执行历史记录设置影响着"执行历史记录报告"中的细节程度级别。默认的"页面"级别报告及用户数量数据采样值 5。

(6) 运行大型测试时,采样率通常设置为用户总数的 20% 至 30%。

(7) 统计区。与执行历史记录相似。

8.6 分析测试结果

完成了测试记录和测试调度后,可以开始运行整个测试了。

步骤:

(1) 在"测试导航器"中选择测试调度文件,单击右键,在快捷菜单中选择"运行"→"性能调度",RPT 会弹出"启动调度"对话框,运行一些初始化任务后启动测试。

(2) 测试运行时,"性能报告"(参见图 8-26)界面打开,该界面显示出所运行测试的活动反馈信息。当测试由于一些原因失败时,可以在任何时间取消测试,修正问题并重新启动测试调度,而无需等待测试完成。

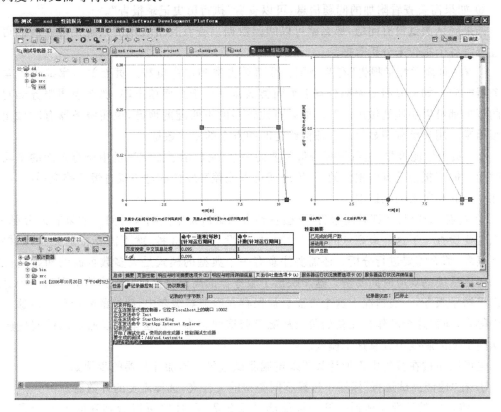

图 8-26 性能报告

(3) 测试结果分析。

测试执行后,获取测试结果数据的步骤如下:

① 打开"性能测试运行"标签。

② 选择测试运行相对应的目录(RPT 为每次性能测试运行创建了一个文件夹)。

③ 单击右键,在快捷菜单中选择需要打开的测试报告。测试执行完后,只能查看到 6 个报告,只有在运行性能调度时,可以查看到更多的报告。在这 6 个报告里,百分点报告和历史记录报告只能在运行结束后才能看到。

在查看反馈数据前,需要首先确认该测试是运行良好的。

① 查看"总体"报告，如果两个或三个柱条的数值都是 100，说明运行很健壮。

② 第一个柱条说明页面代码 100% 返回了期望值。在记录过程中，RPT 为我们所单击的每一页记录下服务器的响应代码。在回放过程中，RPT 将所有虚拟用户得到的结果与这些数值作比较，任何不匹配的部分将在这里反映出来。

③ 第二个柱条在页面组件级别上提供了同样的信息。页面组件包括实际的页面 html 以及所有图像和其他页面上的对象。

④ 第三个柱条是验证点的结果摘要。如果数值是 100% 说明所有的验证点都已全部通过。

⑤ 通常情况下，我们希望所看到的柱条都在 90% 以上。如果没有达到 90%，可以检查"服务器运行状况摘要"和"服务器运行状况详细信息"报告，以确认测试是否有问题。

⑥ 如果需要查看附加的问题信息，可以查看"执行历史记录报告"。

如果确认测试没有问题，那么就可以阅读数据以查看其所表现的系统性能。我们可以通过查看各个报告来分析数据。

① 在"页面吞吐量报告"有两个图：页面单击率和用户负载。页面单击率提供了常规服务器响应。如果界面上大部分点上页面尝试速率等于页面单击率，那么表明服务器对所有的请求都可以快速地做出应答。如果有比较多的不匹配的地方，说明服务器有时做出响应很困难。用户负载图显示出在任何给定时间点上的用户数量。

② "页面性能报告"是可用报告最重要的一个，它显示了测试流量中所有页面的平均响应时间。但该报告是有欺骗性的，平均时间可以掩盖突发性的过快或过慢的响应周期，特别是在一个周期很长的测试中。

③ 查看"响应与详细时间报告"可检查整个测试流量中的响应时间。如果有部分脉冲，那么需要检查一下这些最高点的响应时间，如果没有超过 8 秒，就不需要特别关注，如果超过了很多，那么需要进行分析。还需要注意有一个典型的模式是大多数页面的初始响应时间都要比后续的响应时间要慢。这反映出了服务器的高速缓存机制。当服务器对一个页面提供了初始服务，一般情况下这个页面会被保存在服务器缓存中，后续的响应可以从这个缓存中得到，使得这个动作会比初始阶段从磁盘获取快得多。在这里可以通过测试起始阶段中从高至低的斜线中查看这个模式。

也可以通过在报告中添加计数器来定制测试报告。添加计数器的步骤如下：

① 在"性能测试运行"标签中选择不同类型的文件夹，选择需要的计数器。

② 将选中的计数器拖到打开的性能测试报告界面，此时可以看到界面上增加了一个指标。

删除计数器的步骤如下：

① 在"性能测试运行"标签中，选择需要删除计数器的测试运行结果对应的目录。

② 打开"所有主机"目录，打开所选报告对应的目录，找到需要删除的计数器。

③ 选择需要删除的计数器，单击右键，在快捷菜单中选择"除去计数器"。

还可以根据需要对报告进行管理。步骤如下：

① 在"性能测试运行"标签中，选择需要管理报告的测试运行结果对应的目录。

② 在任何节点单击右键，选择快捷菜单中的"管理报告"，弹出"选择报告"对话框，在这个对话框中可以进行创建、编辑、删除报告的操作。

第二部分 基于IBM Rational测试工具的实验

- 实验一　使用Rational TestManager工具管理测试项目
- 实验二　Rational Administrator工具的运行环境及创建一个测试项目
- 实验三　使用Rational Purify工具测试代码中内存相关错误
- 实验四　使用Rational Quantify对程序代码做性能分析
- 实验五　使用Rational PureCoverage检测程序代码的测试覆盖率
- 实验六　使用Rational ManualTest建立手工测试脚本
- 实验七　Rational Robot的基本使用
- 实验八　Rational Robot功能测试脚本中验证点的使用
- 实验九　Rational Robot功能测试脚本中数据池的使用
- 实验十　Rational Robot性能测试脚本的录制及使用
- 实验十一　Performance Tester工具的基本使用
- 实验十二　Performance Tester中数据池的使用
- 实验十三　Performance Tester中调度的使用
- 实验十四　Rational Functional Tester的基本使用
- 实验十五　Rational Functional Tester中验证点的使用
- 实验十六　Rational Functional Tester中的测试对象地图
- 实验十七　Rational Functional Tester数据池的创建
- 实验十八　Rational Functional Tester导入数据池
- 实验十九　Rational Functional Tester导出数据池

实验一 使用Rational TestManager 工具管理测试项目

一、目的和要求

1. 掌握 Rational TestManager 工具的基本操作方法；

2. 掌握在 Rational TestManager 环境中建立测试计划和测试套件的步骤，理解 TestManager 中关于 Suite、Scenarios、Test Script 的概念及相互关系，并掌握其操作步骤；

3. 学会在 Rational TestManager 中运行 Suite，并学会分析测试报告。

二、实验内容

1. 学习该工具的基本操作，包括如何查看帮助，如何建立测试项目及在该测试项目中录制脚本等（参见附录中关于使用 Rational TestManager 组织测试脚本章节）。

2. 在"计算器程序测试项目"中，按如下步骤组织和运行测试脚本：

（1）新建 suite1(Blank Functional Testing suite)；

（2）选中 Scenarios 条目，单击右键，在 suite1 中建立 Senario1；

（3）选中 Scenarios 条目，单击右键，选择 insert，往 Senario 中添加 script；

（4）在弹出的对话框中选择要插入到 Scenario1 中的测试脚本；

（5）找 4 个录制成功的 GUI 脚本插入到 Scenario1 中；

（6）运行 Suite1；

（7）运行结束，分析测试脚本的运行结果。

3. 运行测试套件并分析测试脚本的运行结果。

4. 在"基于 C++ 的简易人事管理系统"测试项目中，利用 Rational TestManager 软件进行测试脚本的组织、管理和运行，并体会 TestManager 在 Rational 系列测试软件中的核心地位。

三、实验步骤

请学生做实验时参考本书内容填写。

四、实验小结

请学生做实验时参考本书内容填写。

五、思考题

1. 分析 Rational TestManager 中 Suite、Scenario、Test Script 的相互关系。
2. 如何在 Rational TestManager 中建立一个网络共享的测试项目。

实验二 Rational Administrator工具的运行环境及创建一个测试项目

一、目的和要求

1. 掌握 Rational Administrator 工具的基本操作方法,学会使用该工具;
2. 学会在 Rational Administrator 环境中建立一个测试项目,并用 Rational Robot 录制脚本到测试项目中;
3. 运行简单的性能测试脚本,初步了解性能测试的特点。

二、实验内容

1. 学习该工具的基本操作,包括如何查看帮助,建立测试项目及录制脚本到测试项目中等(学习关于使用 Rational Administrator 建立测试项目的章节)。
2. 在 Rational Administrator 中建立一个计算器程序测试项目。
3. 学习 Rational Robot,在计算器测试项目中录制 4 个 Windows 系统附件中"计算器"程序的功能测试脚本:
(1) 整数乘法测试脚本
(2) 小数乘法测试脚本
(3) 整数除法测试脚本
(4) 除数为 0 测试脚本
4. 在 Rational Administrator 中建立一个用于对"基于 C++ 的简易人事管理系统"进行功能测试的测试项目,分析该系统提供的功能,在测试项目中使用 Rational Robot 录制不同功能的测试脚本。

三、实验步骤

请学生做实验时参考本书内容填写。

四、实验小结

请学生做实验时参考本书内容填写。

五、思考题

1. Rational Administrator 的核心功能是什么？
2. Rational Administrator 在 Rational Test Studio 系列软件中的地位和作用是什么？

实验三

使用 Rational Purify 工具测试代码中内存相关错误

一、目的和要求

1. 了解应用程序代码中与内存有关的错误,以及由此引发的后果;
2. 掌握 Rational Purify 的基本设置;
3. 掌握 Rational Purify 的基本操作方法,学会使用该工具;
4. 能够分析 Rational Purify 输出的内存错误报告。

二、实验内容

1. 学习《Rational Purify 使用说明》,掌握该工具的使用方法。
2. 参照说明书中的操作步骤,完成以下实验:

(1) 分析以下 C 程序代码,找出其中的内存错误(注释中已经给出);

```
1    #include "stdafx.h"
2    #include <iostream>
3    using namespace std;
4    int main(){
5        char * str1 = "four";
6        char * str2 = new char[4];    //没考虑字符串终止符"\0"也要占内存空间,导致后面数组
                                       //越界错误
7        char * str3 = str2;
8        cout << str2 << endl;         //UMR str2 没有赋值,对未初始化的内存读(Uninitialized Memory Read)
9        strcpy(str2,str1);            //ABW str2 空间不足,数组越界写(Array Bounds Write)
10       cout << str2 << endl;         //ABR str2 空间不足,数组越界读(Array Bounds Read)
11       delete str2;
12       str2[0] += 2;                 //FMR and FMW,对已经释放内存读以及对已经释放内存写
                                       //(Free Memory Read、Free Memory Write)
13       delete str3;                  //FFM 再次释放已经被释放的空间 (Free Freed Memory)
14       return 0;
15   }
```

(2) 使用 VC++ 编译该源代码(去掉前面标号),并在 debug 模式下生成可执行程序;

(3) 在 Rational Purify 中运行该程序。

(4) 对照源代码,分析 Rational Purify 输出的内存错误报告。

(5) 分析 Rational Purify 输出的测试报告。

3. 在 Rational Purify 中运行"基于 C++的简易人事管理系统",使用程序的不同功能,分析相应代码段存在的内存问题。

三、实验步骤

请学生做实验时参考本书内容填写。

四、实验小结

请学生做实验时参考本书内容填写。

五、思考题

1. Rational Purify 主要采用了哪些技术来分析应用程序有关内存方面的错误?
2. 在 Rational Purify 中如何跟踪查找应用程序中引起内存错误的源代码?

使用 Rational Quantify 对程序代码做性能分析

一、目的和要求

1. 了解应用程序性能的相关概念；
2. 掌握 Rational Quantify 的基本设置；
3. 掌握 Rational Quantify 的基本操作方法，学会使用该工具；
4. 能够分析 Rational Quantify 输出的性能分析报告。

二、实验内容

1. 学习《Rational Quantify 使用说明》，掌握该工具的使用。
2. 参照说明书中的操作步骤，完成以下试验：

（1）分析以下 C 程序代码

```c
#include "iostream.h"
const int N = 3;

void sort (int iArray[N][N])
{   int iRow, iCol, iCur, iMin, iMinAdd, iTemp;
    for(iRow = 0; iRow < N; iRow++)
    {   //对每行进行排序
        for(iCol = 0; iCol < N - 1; iCol++)
        {   iMin = iArray[iRow][iCol];
            iMinAdd = iCol;
            //在当前行中,从当前元素开始往后找最小的元素
            for (iCur = iCol + 1; iCur < N; iCur++)
            {   if(iArray[iRow][iCur]< iMin)
                {iMin = iArray[iRow][iCur];
                    iMinAdd = iCur;
                }
            }
            //在当前行中,从当前元素开始往后找最小的元素
            iArray[iRow][iMinAdd] = iArray[iRow][iCol];
            iArray[iRow][iCol] = iMin;
        }
```

```
            //对每行进行排序
        }
    }

    int main(int argc, char * argv[])
    {int A[N][N];
        int i,j;
        cout <<"请输入"<< N * N <<"个整数: "<< endl;
        for (i = 0;i < N;i++)
        {for(j = 0;j < N;j++)
            {cin >> A[i][j];}
        }

        cout <<"对每行排序前的数组为: "<< endl;
        for (i = 0;i < N;i++)
        {for(j = 0;j < N;j++)
            {cout << A[i][j]<<" ";}
            cout << endl;
        }

        sort(A);

        cout <<"对每行排序 hou 的数组为: "<< endl;
        for (i = 0;i < N;i++)
        {for(j = 0;j < N;j++)
            {cout << A[i][j]<<" ";}
                cout << endl;
        }

        return 0;
    }
```

（2）使用 VC++ 编译该源代码，并在 debug 模式下生成可执行程序；

（3）在 Rational Quantify 中运行该程序；

（4）分析应用程序的性能问题；

（5）分析 Rational Quantify 输出的性能分析报告：

① 通过 Rational Quantify 的主窗口，分析程序的函数调用关系，并找出关键路径；

② 通过函数列表窗口，分析程序执行过程中涉及到的函数，执行成功后所有性能的参数指标；

③ 在工具栏中单击 Run Summary，从显示的窗口中分析程序运行过程中每个线程的状态。

3. 自己编写一段程序，程序中存在多个函数调用，使用 Rational Quantify 分析程序中不同函数的性能。

4. 在 Rational Quantify 中运行"基于 C++ 的简易人事管理系统"，使用系统的不同功能，分析不同功能的性能情况，找出不同功能的函数调用关系，并找出关键路径。

实验四 使用 Rational Quantify 对程序代码做性能分析

三、实验步骤

请学生做实验时参考本书内容填写。

四、实验小结

请学生做实验时参考本书内容填写。

五、思考题

1. Rational Quantify 在运行时能分析应用程序的哪些性能参数？
2. Rational Quantify 输出的分析报告对我们改进应用程序性能可以提供哪些帮助？

实验五

使用 Rational PureCoverage 检测程序代码的测试覆盖率

一、目的和要求

1. 了解什么是代码覆盖率测试；
2. 掌握 Rational PureCoverage 的基本设置；
3. 掌握 Rational PureCoverage 基本操作方法，学会使用该工具；
4. 能够分析 Rational PureCoverage 输出的代码覆盖率检测报告。

二、实验内容

1. 学习《Rational PureCoverage 使用说明》，掌握该工具的使用方法。
2. 参照说明书中的操作步骤，完成以下试验：

（1）阅读以下 C 程序代码，该程序对二维数组中的每一行进行排序，行与行之间不排序。

```
# include "iostream.h"
const int N = 3;
void sort (int iArray[N][N])
{    int iRow, iCol, iColy, iMin, iMinAdd, iTemp;
     for(iRow = 0; iRow < N; iRow++)
     {    //对每行进行排序
          for(iCol = 0; iCol < N; iCol++)
          {    iMin = iArray[iRow][iCol];
               //在当前行中，从当前元素开始往后找最小的元素
               for (iColy = iCol + 1; iColy < N; iColy++)
               {    if(iArray[iRow][iColy]< iMin)
                    {    iMin = iArray[iRow][iColy];
                         iMinAdd = iColy;
                    }
               }
               //在当前行中，从当前元素开始往后找最小的元素
               iTemp = iArray[iRow][iCol];
               iArray[iRow][iCol] = iMin;
               iArray[iRow][iMinAdd] = iTemp;
          }
          //对每行进行排序
```

```
        }
    }

    int main(int argc, char * argv[])
    {   int A[N][N];
        int i,j;
        cout<<"请输入"<<N*N<<"个整数："<<endl;
        for (i=0;i<N;i++)
        {for(j=0;j<N;j++)
            {cin>>A[i][j];}
        }

        cout<<"对每行排序前的数组为："<<endl;
        for (i=0;i<N;i++)
        {for(j=0;j<N;j++)
            {cout<<A[i][j]<<" ";}
            cout<<endl;
        }

        sort(A);

        cout<<"对每行排序后的数组为："<<endl;
        for (i=0;i<N;i++)
        {   for(j=0;j<N;j++)
            {cout<<A[i][j]<<" ";}
            cout<<endl;
        }

        return 0;
    }
```

（2）人工分析该程序分别在输入数据 9,8,7,6,5,4,3,2,1 和 1,2,3,4,5,6,7,8,9 的情况下，代码的覆盖情况；

（3）参照《Rational PureCoverage 使用说明》中的操作步骤，在 Rational PureCoverage 中运行该程序，输入 9 个数据为：9,8,7,6,5,4,3,2,1；在该输入数据下，分析 Rational PureCoverage 输出的代码覆盖率检测报告；

（4）重新在 Rational PureCoverage 中运行该程序，输入的 9 个数据为：1,2,3,4,5,6,7,8,9；在该输入数据下，分析 Rational PureCoverage 输出的代码覆盖率检测报告；

（5）复习 Rational Purify 内容，用 Rational Purify 软件测试该程序运行时与内存有关的错误。根据测试结果，完善以上程序。完善程序后再输入不同的测试用例，对其做完整性测试。

3. 分析上述实验中，不同测试用例对代码的覆盖情况。

4. 分析上述 Rational PureCoverage 输出的代码覆盖率测试报告。

5. 在 Rational PureCoverage 中运行"基于 C++的简易人事管理系统"，选择使用同一功能，输入不同的数据，分析代码覆盖情况。

三、实验步骤

请学生做实验时参考本书内容填写。

四、实验小结

请学生做实验时参考本书内容填写。

五、思考题

1. 为什么要对程序做代码覆盖率测试？
2. 通过代码覆盖率测试，可以对程序代码做百分百的完整性测试吗？

实验六 使用 Rational ManualTest 建立手工测试脚本

一、目的和要求

1. 了解测试用例和测试脚本的用途和相关概念；
2. 掌握 Rational ManualTest 的基本设置；
3. 掌握 Rational ManualTest 基本操作方法，学会使用该工具；
4. 学会在 Rational TestManager 工具中使用手工测试脚本。

二、实验内容

1. 通过相关 Rational ManualTest 使用说明，学习该工具的使用。

2. 在 Rational ManualTest 中建立有如下步骤和验证点的手工测试脚本，取名为"负数乘法手工测试脚本"：

（1）启动计算器程序

（2）单击"－"按钮

（3）单击"4"按钮

（4）单击" * "按钮

（5）单击"3"按钮

（6）单击"="按钮

（7）验证文本框内容是否为"－12"

（8）关闭计算器程序

3. 在 Rational ManualTest 中运行该测试脚本。

4. 在手工测试脚本中建立验证点。

5. 在 Rational TestManager 中建立 Suite，加入"负数乘法手工测试脚本"，并运行该 Suite。

6. 在"基于 C++ 的简易人事管理系统"测试项目中，就"增加部门"功能建立手工测试脚本，比较手工测试脚本与自动测试脚本的区别，并理解在 Rational 系列测试软件中，为什么需要手工测试脚本？

三、实验步骤

请学生做实验时参考本书内容填写。

四、实验小结

请学生做实验时参考本书内容填写。

五、思考题

1. Rational Test Studio 系列软件中为什么需要 Rational ManualTest 软件？
2. 测试脚本中必须加入"验证点"吗？

实验七 Rational Robot 的基本使用

一、目的和要求

1. 了解功能测试的基本概念；
2. 了解 Rational Robot 工具的基本操作方法，熟悉常用菜单的使用方法；
3. 学会使用该工具录制及删除一个简单的功能测试脚本。

二、实验内容

1. 学习第六章《Rational Robot 使用说明》中的内容，熟悉 Ration Robot 工具的一些基本操作。

2. 选择本书案例中的 C++/Java/.Net 应用程序（或其他应用程序），录制三个功能测试脚本。

三、实验步骤

请学生做实验时参考本书内容填写。

四、实验小结

请学生做实验时参考本书内容填写。

五、实验思考题

1. 在实际录制的功能测试测试脚本中,可以看到哪些相关信息?
2. 在回放功能测试脚本时,看到的操作过程与录制时有何异同?

实验八

Rational Robot
功能测试脚本中验证点的使用

一、目的和要求

1. 回顾使用 Rational Robot 录制功能测试脚本；
2. 学会在 Rational Robot 中调试和回放功能测试脚本；
3. 学会在 Rational Robot 中设置验证点。

二、实验内容

1. 基于本书附件提供的案例，录制一个修改人员基本信息的功能测试脚本；
2. 选取某个控件的内容，设置验证点；
3. 分别以通过和不通过的情况运行一次脚本，分析测试结果。

三、实验步骤

请学生做实验时参考本书内容填写。

四、实验小结

请学生做实验时参考本书内容填写。

五、实验思考题

1. 在实际录制的功能测试测试脚本中,可以看到哪些相关信息?
2. 在测试过程中,如何选择测试对象?
3. 在测试过程中,如何选择验证方法?

实验九

Rational Robot 功能测试脚本中数据池的使用

一、目的和要求

1. 了解数据池的原理和作用;
2. 掌握数据池的创建和使用。

二、实验内容

1. 基于本书第三部分提供的案例,从数据池中增加一批人员。输入内容包括姓名、性别、年龄、学历、职称、专业、来校年份、部门、身份证号码、毕业学校等,如图实验 9-1 所示。在 Rational TestManager 中建立一个数据池,向其中录入(导入)一批测试数据。

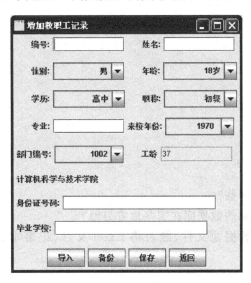

图实验 9-1 教职工记录示例

2. 录制一个功能测试脚本,在程序中动态地调用数据池中的数据,然后回放脚本,查看测试结果。

三、实验步骤

请学生做实验时参考本书内容填写。

四、实验小结

请学生做实验时参考本书内容填写。

五、实验思考题

1. 数据池的作用有哪些？
2. 数据池与我们常见的数据库在哪些地方类似？
3. 怎样导入、导出数据池文件，能否将 Excel 文件、记事本文件中的数据导入数据池中？

实验十

Rational Robot 性能测试脚本的录制及使用

一、目的和要求

1. 掌握性能测试的概念;
2. 学会录制一个简单的性能测试脚本。

二、实验内容

1. 发布案例提供的人事管理系统网站;
2. 模拟多个用户,对人事管理系统网站录制一个性能测试脚本,然后回放该脚本;
3. 模拟多个用户,对其他网站录制一个性能测试脚本,然后回放该脚本;
4. 分析测试结果。

三、实验步骤

请学生做实验时参考本书内容填写。

四、实验小结

请学生做实验时参考本书内容填写。

五、实验思考题

1. 性能测试脚本的回放与功能测试脚本的回放有何区别？
2. 性能测试的回放结果有哪些？

实验十一 Performance Tester 工具的基本使用

一、目的和要求

1. 了解 Performance Tester 工具的基本操作方法,学会使用该工具;
2. 学会在该环境中建立一个 Web 测试项目,录制性能测试脚本;
3. 运行简单的性能测试脚本,初步了解性能测试的特点;
4. 理解测试检查点的作用。

二、实验内容

1. 学习该工具的基本操作,包括如何查看帮助(样例)、建立测试项目及录制脚本等;
2. 学习如何使用该工具提供的快捷键;
3. 建立一个测试项目并任选一个网站录制性能测试脚本;
4. 在上述录制的脚本中设置三种检查点:页面标题 VP、响应代码 VP 及响应大小 VP;
5. 运行自己录制的脚本,分析测试报告。

三、实验步骤

请学生做实验时参考本书内容填写。

四、实验小结

请学生做实验时参考本书内容填写。

五、实验思考题

1. 如何使用 Performance Tester 的导航栏？
2. 如何设置测试检查点，测试检查点有何作用？

实验十二

Performance Tester 中数据池的使用

一、目的和要求

1. 了解数据池、等价类、变量及记录的含义和作用；
2. 学会在 Performance Tester 中创建、导入、导出及使用数据池；
3. 运行性能测试脚本，查看性能测试结果。

二、实验内容

1. 选定一个有输入框的网站，比如移动公司网站，输入用户名及密码，录制性能测试脚本。
2. 以自定义等价类、变量建立一数据池，向该数据池中添加部分测试记录。
3. 用数据池的变量替代脚本中的输入数据。
4. 运行自己录制的脚本，分析测试报告。

三、实验步骤

请学生做实验时参考本书内容填写。

四、实验小结

请学生做实验时参考本书内容填写。

五、实验思考题

1. 数据池一般由哪几部分构成？
2. 变量在数据池中的作用？
3. 如何从数据池中获得动态更新的数据？

实验十三 Performance Tester 中调度的使用

一、目的和要求

1. 了解调度的含义和作用；
2. 学会在 Performance Tester 中创建和配置调度；
3. 运行性能测试脚本，查看性能测试结果。

二、实验内容

1. 选定一个网站，录制性能测试脚本。
2. 为该脚本创建调度，尝试在该调度中增加测试、增加循环、增加延迟及增加一个随机选择器。
3. 设置一个启动配置、增加内存分配、在运行期间增加虚拟用户及在运行期间更改问题确定级别。
4. 运行自己录制的脚本，分析测试报告。

三、实验步骤

请学生做实验时参考本书内容填写。

四、实验小结

请学生做实验时参考本书内容填写。

五、实验思考题

1. 如何在调度中增加测试？
2. 如何为调度的用户组增加循环？
3. 如何在运行期间增加虚拟用户？

实验十四 Rational Functional Tester 的基本使用

一、目的和要求

1. 了解 Rational Functional Tester 工具的基本操作；
2. 学会如何录制、编辑、回放简单的 Rational Functional Tester 脚本。

二、实验内容

1. 学习如何安装和配置 Java environments/Web browsers。
2. 使用该工具录制简单的脚本测试一个基于 Java 的应用程序。
3. 使用该工具录制简单的脚本测试一个基于 Web/Browser 的应用程序。
4. 回放(运行)录制的脚本，查看测试日志。

三、实验步骤

请学生做实验时参考本书内容填写。

四、实验小结

请学生做实验时参考本书内容填写。

五、实验思考题

1. Rational Functional Tester 脚本的结构如何?
2. Rational Functional Tester 能以哪三种不同的形式显示日志,各有什么优缺点?

实验十五 Rational Functional Tester 中验证点的使用

一、目的和要求

1. 了解 Rational Functional Tester 中验证点的种类；
2. 学会使用 Rational Functional Tester 验证点操作向导、验证点比较器；
3. 学会如何在 Rational Functional Tester 脚本中设立验证点。

二、实验内容

1. 使用验证点操作向导在录制脚本的过程中插入一个静态数据验证点。
2. 使用验证点操作向导在录制脚本的过程中插入一个动态数据验证点。
3. 使用验证点操作向导在录制脚本的过程中插入一个属性验证点。
4. 录制一个带返回属性值的脚本。

三、实验步骤

请学生做实验时参考本书内容填写。

四、实验小结

请学生做实验时参考本书内容填写。

五、实验思考题

1. 如何正确使用静态验证点、手动验证点和动态验证点?
2. 常见的动态数据验证点如时间、日期、流水号、序列号等如何设置?

实验十六 Rational Functional Tester 中的测试对象地图

一、目的和要求

1. 了解 Rational Functional Tester 中的测试对象地图、测试对象属性、用户自定义容忍值等概念；
2. 学会如何使用共享对象地图创建脚本；
3. 学会如何使用对象地图增加测试脚本回放弹性。

二、实验内容

1. 录制一个简单的脚本，打开其对象地图，查看 Rational Functional Tester 从应用程序中捕获的 GUI 对象信息。
2. 利用实验内容 1 中的对象地图创建一共享对象地图，并使用该共享对象地图创建新的脚本。
3. 录制一个脚本，修改某对象属性的权值，回放脚本，分析结果。
4. 录制一个脚本，修改 ScriptAssure，回放脚本，分析结果。

三、实验步骤

请学生做实验时参考本书内容填写。

四、实验小结

请学生做实验时参考本书内容填写。

五、实验思考题

1. 是否可以通过复制已有的脚本简化脚本的创建工作?
2. 在实际应用中如何增加测试脚本回放弹性?

实验十七

Rational Functional Tester 数据池的创建

一、目的和要求

1. 学会记录数据驱动测试脚本；
2. 学会在脚本中插入具有数据池引用的验证点；
3. 学会编辑数据池中的数据。

二、实验内容

1. 记录一个插入数据驱动命令的脚本。
2. 在脚本中插入一个具有数据池引用的验证点。
3. 编辑数据池，在数据池中添加数据。
4. 运行脚本并分析结果。

三、实验步骤

请学生做实验时参考本书内容填写。

四、实验小结

请学生做实验时参考本书内容填写。

五、实验思考题

1. Rational Functional Tester 中的数据池结构是怎样的？
2. 在脚本中插入具有数据池引用的验证点的好处是什么？

实验十八 Rational Functional Tester 导入数据池

一、目的和要求

1. 学会导入和编辑外部数据池；
2. 学会将数据池关联到测试脚本；
3. 学会变更脚本中的字面值到变量引用。

二、实验内容

1. 创建数据池并导入外部数据，编辑数据池变量名。
2. 记录测试脚本。
3. 关联数据池到测试脚本。
4. 更改验证点的引用。
5. 更改脚本中的字面值为变量。

三、实验步骤

请学生做实验时参考本书内容填写。

四、实验小结

请学生做实验时参考本书内容填写。

五、实验思考题

1. 导入的外部数据池需要具有怎样的结构？
2. 在回放测试脚本时，看到的操作过程与录制时有何异同，根据回放过程，请问脚本还可以进行哪些优化？

实验十九 Rational Functional Tester 导出数据池

一、目的和要求

1. 熟练掌握记录数据驱动测试脚本；
2. 学会导出测试数据池；
3. 学会将外部数据导入到数据池并应用到测试脚本。

二、实验内容

1. 记录数据驱动测试脚本，编辑测试对象数据池变量。
2. 编辑验证点引用数据池变量，回放脚本分析结果。
3. 导出并编辑数据池。
4. 记录另一个脚本，创建数据池，导入数据池并与之关联。
5. 编辑脚本使用数据池变量，回放脚本并分析结果。

三、实验步骤

请学生做实验时参考本书内容填写。

四、实验小结

请学生做实验时参考本书内容填写。

五、实验思考题

1. 导出的数据池具有怎样的结构？
2. 比较两个脚本和执行结果，试述两个脚本的生成过程，在实际应用中采用哪种方式更好？

第三部分 测试案例

- 案例一　基于Java的简易人事管理系统
- 案例二　基于C++的简易人事管理系统
- 案例三　基于J2EE的简易人事管理系统
- 案例四　基于.NET的简易人事管理系统

基于 Java 的简易人事管理系统

一、设计内容

人事管理系统对学校各部门的教职工信息进行管理,采用 Eclipse 工具和 Swing 技术开发而成,具有如下功能:

(1) 增加、修改、删除或查询部门信息;
(2) 增加、修改、删除或查询人员信息;
(3) 统计对比各部门的人数及各部门的学历分布情况等。

该系统提供两个版本,版本二在增加教职工信息的界面时添加了工龄自动计算功能及选择部门编号时自动显示部门名称的功能,以便用于回归测试。效果参见图案例 1-1。

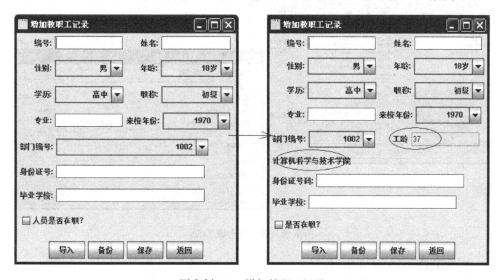

图案例 1-1 增加教职工记录

二、总体设计

1. 类架构图

类架构图如图案例 1-2 所示,包括主类、界面类、查询类、统计类、帮助提示类、数据访问接口层类等。

其中,界面类、查询类、统计类经过数据访问接口层使用 JDBC-ODBC 桥访问数据库。

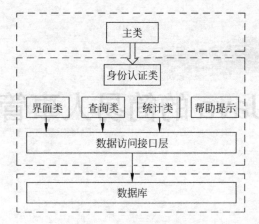

图案例 1-2　系统类架构图

2. 数据库文件

文件名为 person.mdb，使用数据库文件前在"控制面板"→"管理工具"→"数据源（ODBC）"中建立数据源"personDSN"和"personDSN2"，如图案例 1-3 所示。

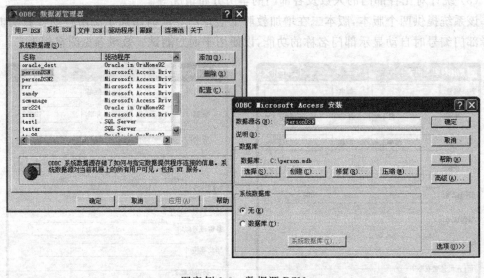

图案例 1-3　数据源 DSN

3. 图像文件

图像文件包括北京文件 background.jpg 和一些图标文件等。

4. 批处理文件

其文件名为 run.bat。

三、具体设计

1. 运行效果与程序分布

（1）字节码文件保存在文件夹 personManage 及文件夹 personManage2 中（分别对应两个版本）。

用 Java 解释器运行主类：

C:\personManage\ java XiTong

效果如图案例 1-4 至图案例 1-7 所表示：

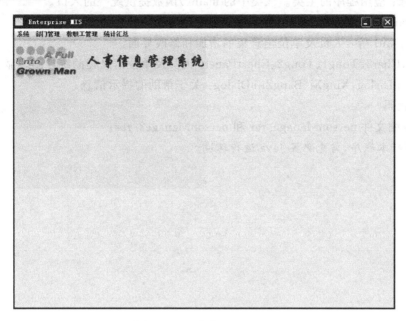

图案例 1-4　人事管理系统主界面

图案例 1-5　增加部门记录

图案例 1-6　增加教职工记录　　　　图案例 1-7　统计各部门人员学历

(2) 程序分布。

包括类 XiTong、ZhuFrame、Zeng1、Xiu1、Cha1、Cha2、Tong1、Tong2、ChartPanel、GuanYuDialog、XingXi、BangZhuDialog 等。

XiTong：应用程序的主类。该类中的 main() 函数提供统一的入口。

ZhuFrame：主界面类。通过该类可以创建应用程序的主界面。

Zeng1、Xiu1 等：人员及单位信息集的增加和修改界面。

Char1、Char2、Tong1、Tong2、ChartPanel：人员及单位信息集的统计图表显示类。

GuanYuDialog、XingXi、BangZhuDialog：关于帮助的提示信息。

2. 源代码

参见压缩文件 personManage.rar 和 personManage2.rar。

注：运行本程序，需先配置 Java 运行环境。

案例二 基于C++的简易人事管理系统

一、设计内容

人事管理系统对学校各部门的教职工信息进行管理，具有如下功能：
(1) 增加、删除、修改或查询部门信息；
(2) 增加、删除、修改或查询人员信息；
(3) 统计对比各部门的人数及各部门的学历分布情况等。

二、总体设计

本程序基于微软公司的 MFC 设计，包含 CPersonManageApp 应用程序类、CPersonManageDlg 主框架类，及其他各种具体功能类，程序中用到微软公司的 DBGrid、MSChart、RemoteData 等控件。

1. 类架构图

类架构图如图案例 2-1 所示，由应用程序类调用主框架类，再由主框架类调用各种具体的功能类。

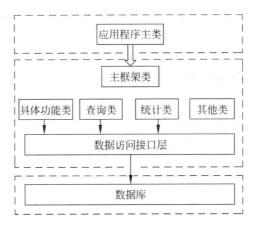

图案例 2-1 类架构图

其中，具体功能类、查询类、统计类经过数据访问接口层使用 ODBC 桥访问数据库。

2. 数据库文件

文件名为 person.mdb，使用数据库文件前在"控制面板"→"管理工具"→"数据源 (ODBC)"中建立数据源"personDSN"和，如图案例 2-2 所示。

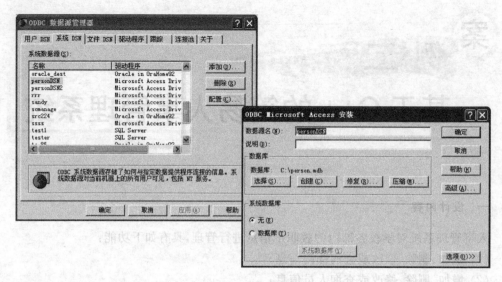

图案例 2-2　数据源 DSN

3. 可执行文件

所有可执行代码、图像、图标文件被编译成可执行文件 personManage.exe。

三、具体设计

1. 程序分布

程序采用 VC 6.0 的应用程序向导生成主程序框架，在主程序框架之下添加了实现各种功能的类，如增加部门、删除人员等，总计 17 个具体功能对应的 17 个类。另外使用了两个数据库查询的类。统计功能中，用到微软公司的 DBGrid、MSChart、RemoteData 等控件，这些控件生成的类有多个，源代码类视图中被分别组织在 DBGrid、MSChart、RemoteData 文件夹中。

2. 源代码

参见压缩文件 personManageVc6Finished.rar。

基于 J2EE 的简易人事管理系统

一、设计内容

人事管理系统模拟学校各级组织对教职工信息进行管理,具有如下功能:

(1) 登录功能。系统将用户分为个人、院校秘书、人事处查询用户等不同角色,不同角色使用不同的系统功能。

(2) 简单查询功能。主要按照工号、名称或部门信息进行查询。

(3) 组合查询功能。可以按照多个条件的组合进行查询。

(4) 自定义查询功能。用户可以新建自己的查询种类,从而达到个性化的效果。

(5) 导出功能。查询的结果可以根据需要导出成 Excel 或 Pdf 格式的文件。

二、总体设计

1. 系统架构图

本系统在采用 Struts 技术实现 MVC 框架的基础上,按照业务逻辑处理的先后顺序,分为视图层、控制层、模型层三层,如图案例 3-1 所示。其中模型层又包括应用逻辑层和数据操作层。

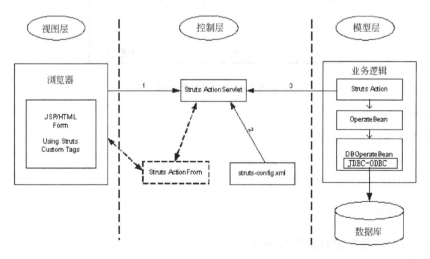

图案例 3-1　系统架构图

1) 应用逻辑层

应用逻辑层负责核心业务逻辑的处理,它从界面处理层得到业务处理请求,对业务数据进行加工、计算后,再通过数据库操作层提供的方法完成业务对象的存储,此层对应的类为为 OperateBean。

2) 数据操作层

数据操作层中包含一些通用的数据库操作处理类,如查询数据集、更新表、删除记录、调用存储过程等。该层为上层提供数据获取和改写操作,对应的类称为 DBOperateBean。

2. 数据库文件

文件名为 person.mdb,需要在 ODBC 中配置数据源,如图案例 3-2 所示。

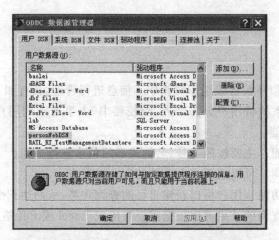

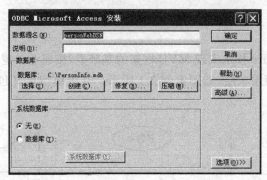

图案例 3-2　数据源 DSN

3. 图像文件

它包括背景及一些图标文件等。

4. 配置文件

它包括 struts-config.xml 文件和 web.xml 文件。

三、具体设计

1. 运行效果、程序分布及运行环境

(1) 在浏览器地址中输入:

http://localhost:8080/demo_hr/

进入登录页面，如图案例3-3所示。

图案例3-3 登录界面

若以院系用户身份登录，主界面如图案例3-4所示。

图案例3-4 主界面

"简单查询"中的人员基本信息查询如图案例 3-5 所示,用户可以根据工号、姓名或部门进行查询,以分页方式显示结果,每页结果可以调整。

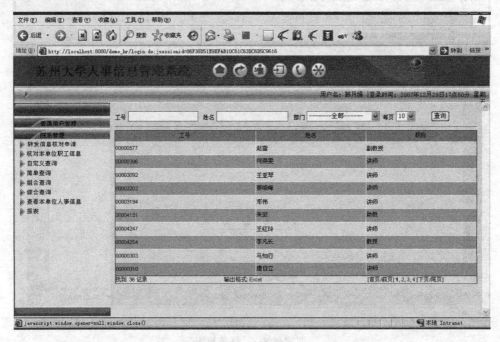

图案例 3-5　简单查询

对于"组合查询",以人员信息的组合查询为例,如图案例 3-6 所示,用户可以对工号、姓名、职称、学历、职级、政治面貌、人员类别、来源类别等进行组合查询。

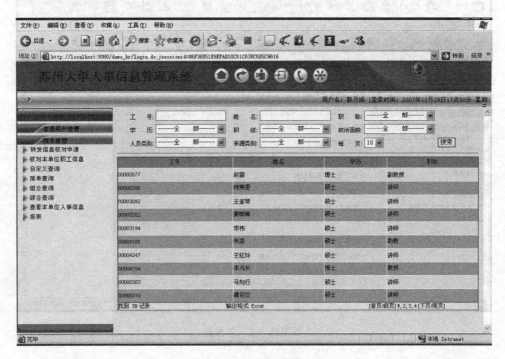

图案例 3-6　组合查询

对于"自定义查询",用户可以创建自己的查询种类,如图案例 3-7 所示。

图案例 3-7　自定义查询

(2) 程序分布。

Java 源代码主要分布于 src 目录下。

Web 网页及系统配置文件主要分布于 WebRoot 目录下。

(3) 运行环境

需要安装 Tomcat,将程序发布到 Tomcat 目录下。

2. 源代码

参见压缩文件 demo_hr.rar。

注:先配置 J2EE 运行环境如 Tomcat,然后将程序发布到 Tomcat 的 WebApp 下即可运行该系统。

基于.NET的简易人事管理系统

一、设计内容

人事管理系统对学校各部门的教职工信息进行管理,采用 Visual Studio NET 2003 开发工具中的 C# 语言设计而成,具有如下功能:

(1) 管理学校中的部门信息。

用户可以增加、修改、删除或查询部门信息。

(2) 管理学校中的人员信息。

用户可以增加、修改、删除或查询人员信息。

(3) 统计汇总各部门的人员信息。

用户可以对比各部门的人数及查看各部门的学历分布情况等。

二、总体设计

1. 系统层次结构图

系统层次结构图如图案例 4-1 所示,用户直接操作的是界面层,中间层按功能划分为录入类、查询类、统计类及帮助提示类等。访问数据库统一调用数据库访问层。

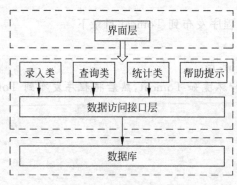

图案例 4-1 系统架构图

2. 数据库文件

它与应用程序在同一目录下,名为 person.mdb。

三、具体设计

1. 运行效果

效果如图案例 4-2 至图案例 4-6 所表示。

图案例 4-2　人事管理系统主界面

图案例 4-3　增加部门记录

图案例 4-4　增加教职工记录

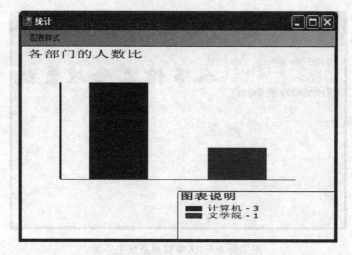

图案例 4-5　统计各部门的人数比(柱状图)

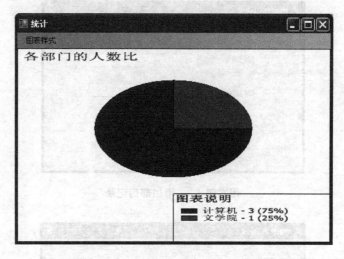

图案例 4-6　统计各部门的人数比(饼形图)

2. 源代码

参见压缩文件 personManage_NET.rar。

注：运行该程序,需安装.NET 2.0 框架。

教学支持说明

扫描二维码在线填写
更快捷获取教学支持

尊敬的老师:

  您好!为方便教学,我们为采用本书作为教材的老师提供教学辅助资源。鉴于部分资源仅提供给授课教师使用,请您填写如下信息,发电子邮件给我们,或直接手机扫描上方二维码在线填写提交给我们,我们将会及时提供给您教学资源或使用说明。

  (本表电子版下载地址:http://www.tup.com.cn/subpress/3/jsfk.doc)

课程信息

书　　名			
作　　者		书号(ISBN)	
开设课程1		开设课程2	
学生类型	□本科　□研究生　□MBA/EMBA　□在职培训		
本书作为	□主要教材　□参考教材	学生人数	
对本教材建议			
有何出版计划			

您的信息

学　　校			
学　　院		系/专业	
姓　　名		职称/职务	
电　　话		电子邮件	
通信地址			

清华大学出版社客户服务:

E-mail:tupfuwu@163.com　　　　　　　网址:http://www.tup.com.cn/
电话:010-62770175-4506/4903　　　　传真:010-62775511
地址:北京市海淀区双清路学研大厦B座506室　　邮编:100084

教学支持说明

扫描二维码关注
清华管理教学资料

尊敬的老师：

您好！为方便教学，凡我社出版的本科教材均向授课教师免费提供教学辅助资源。凡教材配套的教辅资源可通过 出版社网站下载。若需下载教辅资源，请直接在我社网站上方"高校教师服务平台"注册申请。若下载过程中遇到任何问题，敬请拨打社科图书事业部总编室咨询：010-83470175。

（本素材下载与使用地址：http://www.tup.com.cn/subpress/jsfk.htm）

课程信息

书 名		
作 者		书号（ISBN）
开设课程		开课系别
学生人数	□本科 □研究生 □MBA/EMBA □高级研修班
本科班	□教学课件 □习题参考答案 □学生人数
欢迎课程定义		
对教材意见和建议		

您的信息

姓 名		
学 校	院系名	
邮 编	电话/手机	
职 称	电子邮件	
通信地址		

清华大学出版社教学服务：
E-mail: tupfuwu@163.com
电话：010-83470175-1506/4009
地址：北京市海淀区双清路学研大厦 B 座 506 室

网址：http://www.tup.com.cn
传真：010-62770541
邮编：100084